设 计 专 业 考 研 丛 书

环境艺术设计快题与表现

（第二版）

丛书主编　李　娟　江　滨
本册编著　孙科峰　高　艳

中国建筑工业出版社

图书在版编目（CIP）数据

环境艺术设计快题与表现 / 孙科峰，高艳编著．—2版．
北京：中国建筑工业出版社，2010.10　(2022.6 重印)
(设计专业考研丛书)
ISBN 978-7-112-12399-5

Ⅰ．①环…　Ⅱ．①孙…②高…　Ⅲ．①环境设计－研究生－入学考试－自学参考资料　Ⅳ．① TU-856

中国版本图书馆 CIP 数据核字（2010）第 168992 号

责任编辑：唐　旭　李东禧
责任设计：赵明霞
责任校对：姜小莲　关　健

设计专业考研丛书
环境艺术设计快题与表现（第二版）
丛书主编　李　娟　江　滨
本册编著　孙科峰　高　艳
*
中国建筑工业出版社出版、发行（北京海淀三里河路9号）
各地新华书店、建筑书店经销
北京雅盈中佳图文设计公司制版
北京中科印刷有限公司印刷
*
开本：880×1230毫米　1/16　印张：$10^3/_4$　插页：20　字数：300千字
2010年12月第二版　2022年6月第十一次印刷
定价：68.00元
ISBN 978-7-112-12399-5
(36138)

前　言

这本书的狭义适用对象是应届、往届及在校准备考研的高年级环境艺术设计专业的学生，其广义的使用对象包括了环境艺术设计专业的各种层次的学生、考生及工作人员，涉及所有设置环境艺术设计类专业的美术学院、艺术学院、工学院、建筑学院、林学院、师范学院、商学院、农学院、民族学院、技术学院及综合大学等，以及在职研究生考生。同时也是本、专科、专升本在校生的快速表达练习范本。本科生要练习快速表达，考研、考博专业设计考题也是要求手绘快速表达，设计公司、设计院的主创设计人员在提交初步方案时，同样也是经常使用手绘快速表达……

本书主要是针对环境艺术设计专业的考研和考博。各种工具类型（包括水彩、马克笔、水粉、彩色铅笔、钢笔淡彩、混合技法等）的快速表达的难度几乎相当，并无太大的高下之分。这就是本书能把几种不同工具类型的快速表达统筹在一本书里的基础，也是它能适应各种不同爱好消费者的基础。

本书内容包括以下四部分：

第一章　关于画快速效果图的方法。主要介绍专业学习的方法。

第二章　环境艺术设计专业研究生入学考试的快速表达试卷、基础设计考试样板、专业设计考试样板，针对环境艺术设计专业研究生入学考试的各种绘图工具的主题内容参考练习等。

第三章　本专业全国各主要院校环境艺术设计专业往年考研题文本。

第四章　本专业全国各主要院校环境艺术设计专业往年考研专业理论论文写法。

第五章　环境艺术设计专业考研面试注意事项。

研究生招生不同于本科生招生。由于导师的研究方向不同，即使相同专业的招生，不同的学校，不同的导师，考试方向却大相径庭。设计类研究生由于各校专业设置及要求有差异，这就使得考生对于陌生的院校即使是相同专业也同样感到信息不对称，从而影响了考生的最佳定位选择。据调研，目前市场上尚无针对设计类专业考研这么全面的考试用书，从笔者及周围有考研、考博经历者来看，都有在当时对类似书籍的渴望，为了摸清方向，甚至以几十元的代价买到仅有几页纸的往年考题，真是无奈的选择。因此，我想，作为考研及考博的亲历者，目前这本书设计的每一个章节都是考生关注的问题，肯定会对参加环境艺术设计专业考研的考生有所帮助。

本书汇集了许多从事设计工作的朋友和学生的作品，谨向他们的辛勤工作和努力致以衷心的感谢。由于笔者理论与设计水平的有限，点评与表达有不妥之处，望读者不吝赐教。

目 录

第一章　关于画快速效果图的方法

到了要考研的阶段，画快速表现的效果图应该不需要再讲什么方法了。因为这些考生不是初学者了。但考虑到有些考生是转行过来的；有些学校的环艺专业开课还不是太正规，这方面也难免有缺漏；而有些考生在这方面的表现，还不尽如人意……所以，方法还是简单讲一下。本书不是针对初学者的基础教材，而是针对考研和高年级学生有针对性练习而用，故所谓方法只略作介绍，以补少数考生之不足。仅供参考。

画效果图的方法，一方面你可以理解为它有一定的科学方面的道理，另一方面可以理解为一个人的习惯、爱好以及审美表达。首先，所谓的方法是没有什么固定的法式，而是一个人的习惯或者是觉得怎样会更好，就怎样画。我记得以前在清华大学美术学院读书时，有一个教我基础课的老师，他的功底特别好，他画人体不像其他人那样先画整体再深入画细节，而是从脚指头开始画，一直画到人头，照样画得很好。所以说没有一种固定的方法，而是按照个人的习惯和爱好。现在的这些所谓方法，在很早以前也是没有的，还不是后人逐渐创造出来的？而且别人创造出来的方法，你可以学、用，也可以创造新的方法。

但是，在达到随心所欲表达的程度之前肯定有一个基础学习的过程，这个过程是讲所谓方法的。也就是说，初期学习要找一种或多种方法来入门，但是画久了就会发现没有固定的方法，而是按照自己的喜好来画，或者创造出新的方法。

环境艺术设计方案的快速设计表达是指在规定的较短时间内（一般3～8小时不等）完成设计方案及其表现的一种设计形式。这些年来，由于建筑设计、城市规划及环艺、景观设计专业的研究生入学考试、设计单位的招聘考试等重要测试中，都纷纷采用这一形式考察与衡量应试者的设计与表达能力，因此，快速设计与表达被广大师生愈来愈加以重视。

快速设计与表现，作为一种创作形式，需要应试者同时拥有多种综合能力，才能在较短的时间内完成从审题、把握设计要求、整理设计要素、到进行创造性思维、合理构思设计方案的功能组织与空间形态，最终将方案完整表达的全过程。客观地说，快速设计可以较全面地反映应试者的各项素质，对于培养学生的创造性思维、提高设计与审美的情趣、训练灵活的表达能力都有着重要的意义。

为提高应试者快速设计的能力，我们整理编辑了部分有代表性的快速设计实例，旨在针对性地介绍快速设计与表现中需要掌握的基本技能和方法。由于快速设计受到作者能力与设计时间的限制，每一个设计都存在若干不足和问题。希望读者参考设计点评与自身的理解，可以整理出宝贵的经验和适合自己特点的类型与方法。

需要说明的是，快速设计与表现能力的提高不是一朝一夕的“快速提高”可以实现的。作为学生和设计工作的从业人员，需要坚持不懈的长期点滴积累和练习，方可水到渠成。读者在阅读本书时，也应从自己的理解看待设计的思维，训练自己的图解表达能力。

作为一本针对考研的书，在这里无法全面展开来谈设计，因为设计是很综合性的问题。本书的主要功能还在快速表现这一点上。读者也可以从本书的设计实例中去感悟设计，毕竟本书中有许多优秀的设计例子。而针对每一项设计点评中，限于篇幅只能对设计图略谈一二，也许可以对读者有所启发。

水粉临摹照片表现力强，质地描绘逼真。

本书的分析与评价，亦不具有唯一性，对于表达的观点可以有多种不同的理解。

第一节　基础学习方法简介

一、笔法练习

快速效果图的画法和纯绘画是不同的，它有时间限制。因此，它有自己的一套表现方式，用笔、用色非常概括。不同的工具又有不同的表现方式差别，它直接决定了画面的不同效果。线条疏密变化、笔触，色彩的混合与叠加等等。

单纯地练习笔法实在枯燥，无的放矢，因此，我主张结合实物来练笔法。

二、临摹是快速效果图初学的方法之一

临摹的过程是一个练习的过程，第一个是熟悉这种工具的性能、材料和性能本身的特性；第二个是需要把握这种画法的基本规则，这都需要一种过程，画效果图纯粹是一种表现技能性和修养性的东西。它不是那种理论的，高深的东西，它是需要一个熟悉的过程，就好像手艺人一样，“我亦无他，唯手熟尔”。

水粉临摹照片作品。

你见到一幅新图，可能你不知道如何下手。临摹的好处就在于有了这种基础之后，就可以将你在临摹中学到的技法运用到新图上。然后，再逐渐加大你灵活处理的能力，这样使你自由发挥的程度更大。

临摹的时候要体会和思考，不要机械地临摹。因为这样一来画完了还是不明白自己应该怎么画。所以要自己领悟，只要明白别人的方法，学起来就很快了。一开始学习可以慢慢琢磨，无论用多少时间都好，最重要的是要学会所谓的方法。

临摹别人的优秀作品，可以从中学习各种现成的表现技能。

1. 临摹优秀摄影图片（建筑、景观或室内）；

2. 临摹别人的优秀作品（各种风格的）；

3. 找一两种自己喜欢的优秀作品风格，反复琢磨，吃透它。

当你临摹得多了，学得多了，就会发现你已经可以把许多优秀的作品的优点综合在你一人之身，从而形成了你自己的风格和方法。

三、写生是重要的表现基础

用结构素描、速写的方式来写生，是基础中的基础，主要训练对目标整体结构的把握。

画静物画、风景的方式来写生，主要训练对目标色彩的把握。

建筑内部和建筑外部风景写生是画效果图的基础，是对目标及环境色彩的训练，尤其是建筑和景观效果图。

在画建筑内部和建筑外部的写生时，不要忽略对室内配景和室外配景的练习。

室内的例如：各种家具，室内盆景植物，灯具，人物，装饰物，室内织物等。阴影和材质也是极其重要的表现因素。

室外的例如：天空，各种树木，汽车，人物等。

在逐渐熟悉对客观写生的基础上，逐步加入个人的主观理解。许多优秀的建筑设计师，室内设计师，都有很好的水彩、水粉或速写写生基础。这是一个设计师应该具备的基础之一。

四、单体及局部练习是不可或缺的过程

环境是由一个个单体和局部组成的。就像一篇文章是由一个个单词组成的一样。所谓局部是指建筑的某一部分，某一构件，或室内的某一角落。而单体是指一个单独的物体。小到一个饰物、家具、灯具，大到一棵树，单个建筑，等等。画好每一个不同的单体和局部，并将其有机地组合，是画好效果图的关键。所以，单体及局部练习就成为快速表达效果图的不可缺少的一个过程。

该图是一幅水彩写生作品。采用湿画法，强调水彩与色彩的自然调和。

五、熟练地掌握透视基础

快速手绘的表达，依赖对透视基础的熟练掌握，因为，透视也是表达设计的工具。

一点透视，庄重、稳重、宁静；但也有弊端，如画面处理不好有时就显得呆板。适合表现纪念馆，政府机关，办公场所等庄重、宁静的建筑及室内空间环境。

两点透视，生动、活泼、具有体量感；弊端是位置选择不当就会使透视变形。适合表现外部建筑，以及室内的局部空间、家具造型等。

三点透视，有强烈的透视感，适合表现高大建筑，城市规划，建筑群及小区住宅群。

钢笔写生方便快捷。以线为造型方式，线的变化与疏密布置，是画面的灵魂。

第二节　各类快速表现工具及方法

快速设计的表现，是此类设计中一个非常重要的环节。一般而言，我们首先根据设计方案中的各层平面、各向立面等二维图纸，形成一个三维空间的视图，然后再对三维效果形象进行表现。从二维平面生成三维空间视图（一般会采用带有远近关系的透视效果），需要我们首先掌握透视图画法的原理。当然，在快速设计中，可能不需要将设计的所有细节都用严格的几何作图法先在草图中完成透视画法，而可以将重要的、决定性的体量或重要的辅助定位线用透视作图精确求出，部分细节可以根据透视效果的规律快速直接表达出来。这样可以在较短的时间内完成透视图框架，将时间留给设计的其他环节。

透视图勾画出建筑空间、立面的主要结构关系，建立了相对完整的形体构架。然而，这仅仅表达了设计的空间关系。而对于更进一步的材质、空间效果、整体氛围的表达，还需要采取一定的手法予以表现。

一、铅笔表现方法

铅笔表现，是所有绘画方法中最基本的手段之一。虽然铅笔表达只有黑白灰的明暗对比关系，却同样可以具有非凡的表现力。一般绘图铅笔有软硬度之分：6H ～ 6B 各种型号。H 表示铅笔的硬度，数字越大硬度越高；B 表示铅笔的软度，数字越大表示软度越高。H，2H 或 HB 硬度的绘图铅笔一般用来打底稿、勾勒草图与轮廓，2B ～ 4B 用来表现暗部或有灰度的区域，5B、6B 用于图中较重部分的表现。各类铅笔表达效果各不相同，用笔时的轻重缓急、力道变化需要多加练习，仔细体会。各种笔触、效果的

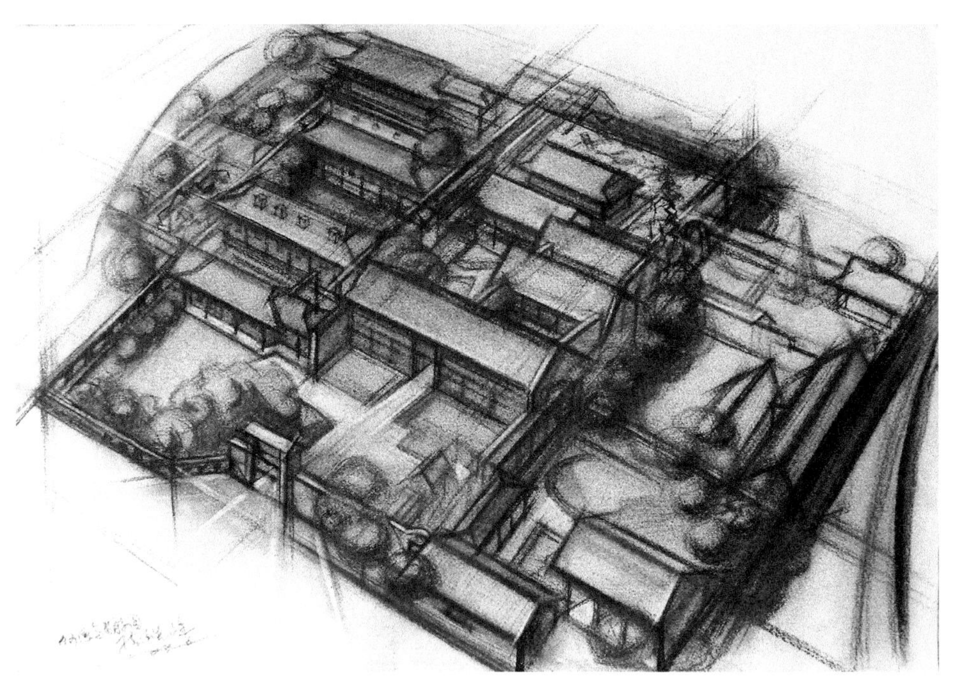

用设计素描的方法写生建筑，概括性强，画风厚重。

协调配合，应使画面既精致细腻又不失概括写意，在快速设计中有力的配合设计作品的朴实、单纯之美。

二、钢笔表现方法

钢笔表现是采用钢笔和墨水表现设计效果的一种形式。与铅笔表达不同的是，钢笔表现的黑白、明暗对比更加强烈。而对于中间过渡的灰色区域、更多地需要在用笔的排线和笔触中变化来实现。虽然整张图纸只有一种单色，却可以形成多种不同的明暗调子和肌理效果，视觉冲击力较强。在快题设计的表现中，我们可以采用不同笔宽规格的针管笔，(从 0.13mm、0.15mm 等较细规格到 0.5 ~ 1.2mm 等较粗规格）利用笔触的粗细变化适用于不同效果的表达。钢笔表现还可以与彩色铅笔、水彩等手法结合起来，形成表现力更加丰富的多种其他效果。

三、彩色铅笔表现方法

彩色铅笔的种类较多。一般在快速设计表现中,较多的采用水溶性彩铅。它的总体特点是操作方便，不易失误和笔触质感强烈。常用的有 12 色、24 色、48 色等各种组合。彩色铅笔由于笔触较小，所以大面积表现时应考虑到深入表现所需要的时间。常常也用于和钢笔或淡水彩配合使用。

四、水彩表现方法

水彩是一种艺术表现力较强的表现手法。它既可以单独完成表现，也可和其他表现形式结合使用，如钢笔等。这种表现方式在快速设计表现中如运用得当，可以快速、极富感染力地表达设计作品。需要注意的是，水彩的使用对设计的纸张有一定的吸水性要求，在考试中使用应在纸张选择上有所准备。同时在考场使用时的调色、用水等方面应更加小心，以免对设计图纸的其他部分造成影响。

水彩渲染的一般步骤是：

① 在适合使用水彩渲染的图纸上描绘透视底稿。最好是将画好的底稿拷贝复制到正图上，避免在正图上使用橡皮擦图，以免破坏纸面肌理，影响水彩效果；

② 先铺上大面积的较淡的底色，决定表现图的基本调子；

③ 对设计作品的主要体量进行表达。一般采用先浅后深、由明至暗的

水粉临摹照片作品。

顺序；

④ 对一些重要表现的细部重点刻画，但注意不可主次不分，平均用力，把握好画面整体协调的主次、远近、明暗关系。

五、水粉表现方法

水粉表现是另一种常用的快速设计表现方法。水粉渲染的颜色较水彩更加鲜明。色彩颗粒较大，具有一定的覆盖力和附着力。故可以多次上色，便于修改。

水粉渲染对纸张的要求没有水彩渲染的要求复杂，故对快速设计的图纸选择具有更多的适应性。操作中一般采用先暗后明，先深后浅的顺序，但也可以倒过来。注意画面的层次和不同色块的厚、薄与干、湿变化。

六、马克笔表现方法

马克笔表现是快速设计中常用的表现方法之一。它的特点是方便、快速、便于操作。颜色固定，不用调和，且干的速度较快。马克笔一般又成为记号笔，有油性和水性两种类型。油性马克笔适合用于光滑、不易书写的表面，如油漆表面、塑料、厚铜版纸等；水性马克笔适用于一般的绘图纸表现。

马克笔的笔头采用化纤、尼龙等化工材料制成，形状成有一定角度的方楔形（或粗细不等的圆形），使用时不同的笔法可以获得多种笔触，获得良好的表现效果。商店中可供挑选的马克笔有上百种不同颜色，可根据自己的配色习惯和方式选择常用的笔号。

马克笔适合快速表达。画效果图用笔要直爽，不要打抖，不要来回的描，那样只会越描越乱，其实马克笔很容易掌握，它的颜色不会乱跑。效果图用笔长的地方最好先借助尺子来控制，颜色画出界不要紧，后面可以弥补。画效果图一开始多用灰色，如果下笔前无法把握颜色是否正确，就先在白纸上试一下颜色。用彩铅上颜色的时候，颜色不要一次画够，要不然会造成颜色倾向。没有的颜色可以调出来，把颜色画得稀一点然后两种或者几种颜色交叉，产生空间混合，可以划出无限可能的颜色。

水彩和水粉结合画法，水彩铺底，水粉提出高光。

七、混合技法

所谓混合技法，也就是非单一工具表现法。是多种工具混合在一起使用的画法。是在充分地掌握了多种技法之后的一种行为。实际上也就没什么技法可言了，重要的是最后的效果是什么样的。

事实上，许多熟练的学生，设计师，最后都是采用混合技法。因为每一种工具都有其特点，也都有其局限性，如果能发挥各种工具的优点并把它们有机地结合在一起，那当然是一件了不起的事。但事实上，不可能也没有必要把所有的工具结合在一起，只要能达到恰当地表现对象的目的就可以了，为技法而技法是一件本末倒置的事情。根据需要，决定取舍。

八、其他工具及技法

快速表现的方式种类很多，由于规定的限制较少，常常也会采用其他的技法以期获得独特、强烈的表现效果。如油画棒、炭条、或喷绘技法等。如果平时多加联系，熟练掌握它们的特性和技术要求，这些方法也可以在快速设计表现中获得出色的效果。

第三节　画效果图杂谈

（本节根据作者给学生上快速效果图示范课录音整理，主要谈马克笔技法，都是自己的一些体会，仅供参考。）

水彩临摹照片，
画面效果轻快、抒情。

一、效果图要通过集中时间的大量练习，才能见效果

学的时候要踏实，不要太浮躁。如果长时间不画手也会生，就不可能有好的作品出来。效果图是一项技能性的东西，它是需要一个熟悉的过程，熟能生巧，就是这个道理。清华美院环艺系何振强教授曾经介绍他画图的经验，是在北京1950年代搞十大建筑时，在那一段时间，画了大量的效果图，才有了长足的长进。画图是一种操作性很强的技能，没有量的积累，谈不上质变。

二、从无法到有法，从有法到无法

技法这个东西就是一种“方法”。初学者一定要学几种方法。“方法”有很多种，只要效果是好的，都可以用。方法是为你所用的，不是拿来奴役你的，不存在对任何方法的崇拜，所以关键是训练你的能力，你觉得哪种方法合适就用那种，没有一种方法是适合所有人的。

三、画每张图都应该有自己的想法

不要老跟着别人的步伐走。其实直接从老师那里学到的东西很有限，关键是老师教给了你一种基本的入门顺序和方法，真正的体会还是要靠你自己。其他书上都有一些不错的表现方法，通过老师教你的方法你就可以去分析它到底是怎么表现出来的。如果你有一定的绘画基础，你一看就知道了。

四、画效果图的时候，抓住画面主次部分

所以画效果图都有一定的规律。重点是地面跟家具接触的那一部分，然后墙面稍微画一点，往上基本上是虚过去的了。抓住了重点部分之后，其他地方起衬托作用，要懂得“省”。考试或者快速表达的时候一般都是用这种方法，就可以很快的表达一张较完整的效果图。而你要掌握它，就是要知道自己到底要表现什么，哪些是重点，哪些是次要的，不要依葫芦画瓢。

马克笔色彩概括，使用方便，适合快速表达。

五、画效果图不等同于纯绘画

纯绘画有很多主观的东西，但画效果图不能这样。首先要画出大

致的色彩关系，素描关系，实质上这种室内效果图画法，跟纯粹画色彩是不一样的，它需要很客观。效果图不是专业绘画，基本上是一个素描关系加色彩关系，而后根据你的修养加上绘画有关的一些东西。实际上某些方面也是跟画画一样，但绝不等同。要强调一定的客观，细节怎么找，自己对环境色的理解，光线的理解等等。另外的画面不排除一种主观的因素，就是为了画面整体的协调，但它不能成为画面的主体，这些就需要学生个人的绘画修养。也就是说不要把它纯粹主观地去表现，还是以客观为主。

六、没有深入，就没有进步

效果图要有耐心，画坏了不要紧，不要画坏一点就扔掉。没有深入，就没有进步。要学会化腐朽为神奇，画坏了要学着改回来。一是通过补笔，另一个是通过后面的水粉（改马克笔的唯一方法就是水粉）来进行局部的覆盖，然后在这个基础上再用马克笔再画。但是要记住，只要是在水粉上再加马克笔，颜色一定会变化。

七、把局部和单体组织起来

把我们临摹学到的东西，东一家，西一家的风格，那些零碎的东西组合到一起，用色彩和整体的明暗调子进行组织。一来你知道别人是怎么画的，二来你临摹中学会各种家具，各种材质，各种局部的画法和处理方法后根据光线对整个效果重新安排。画效果图的过程其实就是根据过去的经验和现场的效果进行组合。

彩色铅笔可修改性强，表现丰富，使用方便。但速度较慢。

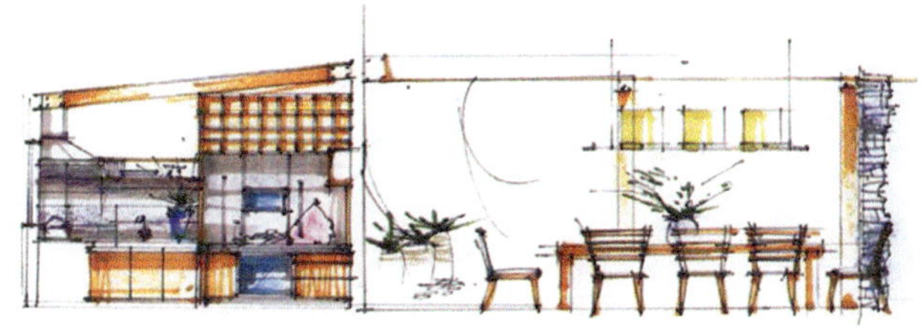

八、应该注意的问题

用马克笔作图时，如果画湿了马上接着画，画面会脏，所以一定要等画面干了再画。除非你有足够的控制能力，就要那样的效果。

马克笔在质感的表现上很有限，所以有时候只能画出一种大效果出来，像玻璃，金属，石头等，画这些马克笔的表现力完全比不上水粉，所以我们只能依靠底色和钢笔稿来表现。

有些地方可以根据画面和画风的需要处理得非常自由。有些东西也可以有主观的变化，效果图完全可以加一点新的东西。

马克笔画多了很容易画脏，到时候你就可以用水粉提亮来表现那种透亮的效果。灰颜色用多了肯定会感觉很沉闷，想要预留白颜色是比较困难的，不妨敞开来画，最后用白粉提亮。白颜色会为画面增色不少，这种方法还可以运用在修改画灰画坏的地方。

一个颜色在画面上很多地方出现，可以一次性把他画完，可以节约时间。

我们画效果图只要画效果，首先要先画出大效果，然后再在里面慢慢找出那些细节的东西。画的过程不断地找出它的阴影关系，物体的凹凸递进关系要表现清楚。

画得差不多时就要观察一下画面的平衡，是不是有些地方画过了，有些地方还画得不够。根据结构，平衡整体的画面。协调整体，不一定是按真实的颜色画。画多了的地方就通过白粉来提亮，通过阴影和细节来调整。需要灰的地方让它灰一点，这样就能够画出层次。觉得重颜色少的话可以再加一笔，主要是平衡画面。在需要的地方减低或加重它的明度。

画效果图用的纸，可以用不同种类的纸，有些纸是有底色的，有些纸吸水性是不同的，所以会出现不同的效果。

画好阴影很重要。阴影可以根据画面处理，考虑阴影变化，环境色，反光色。那样画面才能丰富一些。

其实方法再多，最后你掌握的和惯用的就是两三种，你喜欢的，用惯的方法。

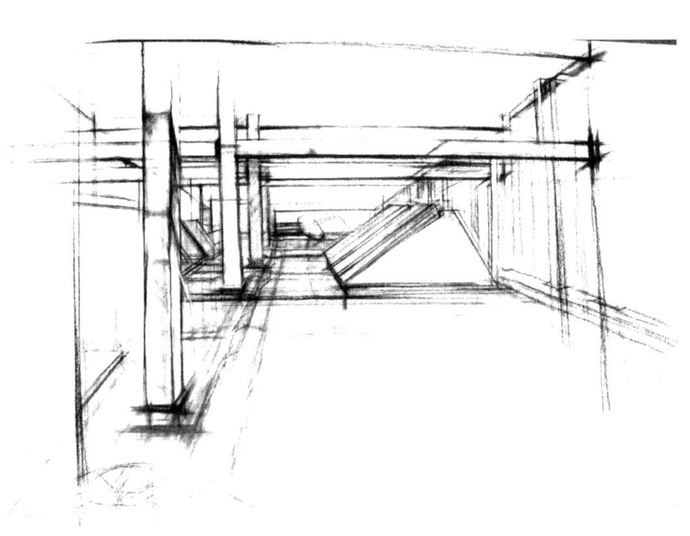

用设计素描的方法写生建筑也可以概括地表现建筑的结构。

第二章　环境艺术设计专业考研快题表现

室内设计部分

这幅效果图是对色彩运用得很理性的，套用森林色系。所以，效果很协调。但是用笔在有些地方变化不是太到位，有几处表现光影的收尾用笔缺少变化，略有雷同之感，对画面影响不大，整体效果还是不错。

工具：钢笔、马克笔。

作品以黄色为主色调，与地毯、窗户、电视屏幕的蓝色相衬托，马克笔画出明暗与节奏关系后，利用彩色铅笔深入刻画细节部分，表现环境色，使画面统一、丰富而结实。

工具：马克笔、签字笔，彩色铅笔，水粉。

这是以马克笔为主要工具的快速表现图，辅助工具还有签字笔，彩色铅笔，白色水粉。重点刻画的是地面及立面的下半部。家居空间的色彩表现相对随意、舒适、温馨，所以主要用暖色调表现主要的家具，用简洁的色彩营造了轻松的家居空间。

本作品主要是蓝黄色为主，工具是签字笔，马克笔，白色水粉颜料。着重刻画画面中间部分，虚部分、过渡部分以浅灰色淡淡扫过作为交代。地面上强调了窗外射进来的光线逆光效果。沙发用中黄色表现布料明亮又与房子气氛协调，在桌面上留出适当的空白，加入环境色和补色，表现出桌面的光影效果。

这是一个小客栈的室内设计。在小型室内设计的考试中，这是经常出现的例子。

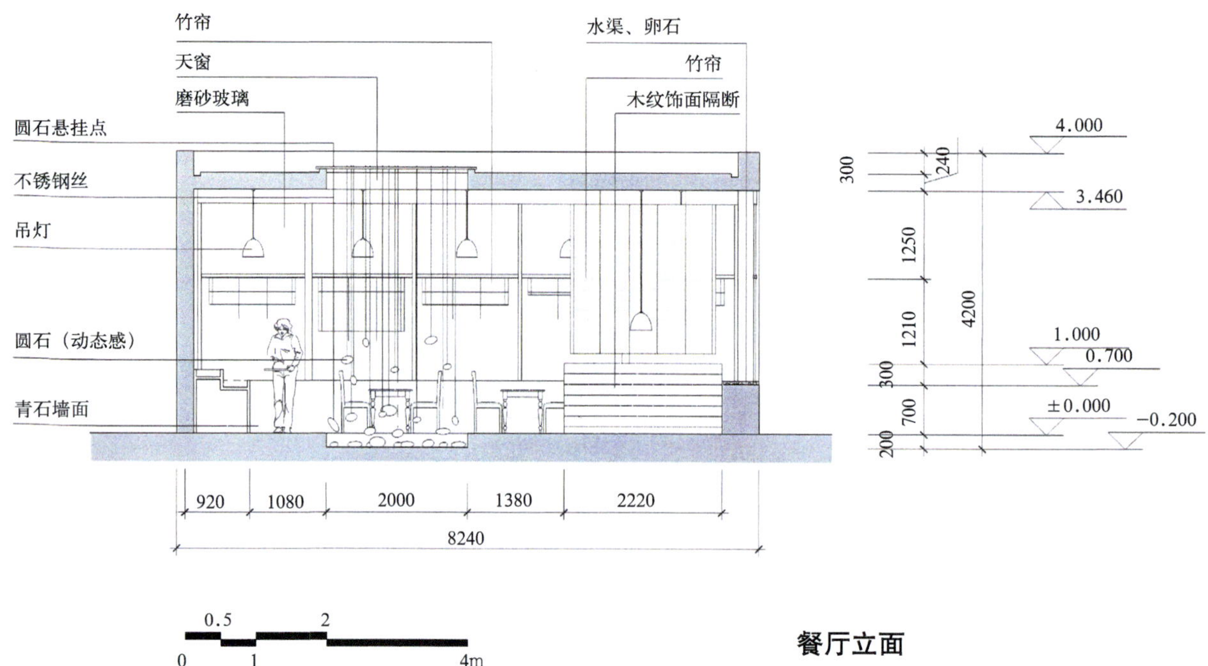

餐厅立面

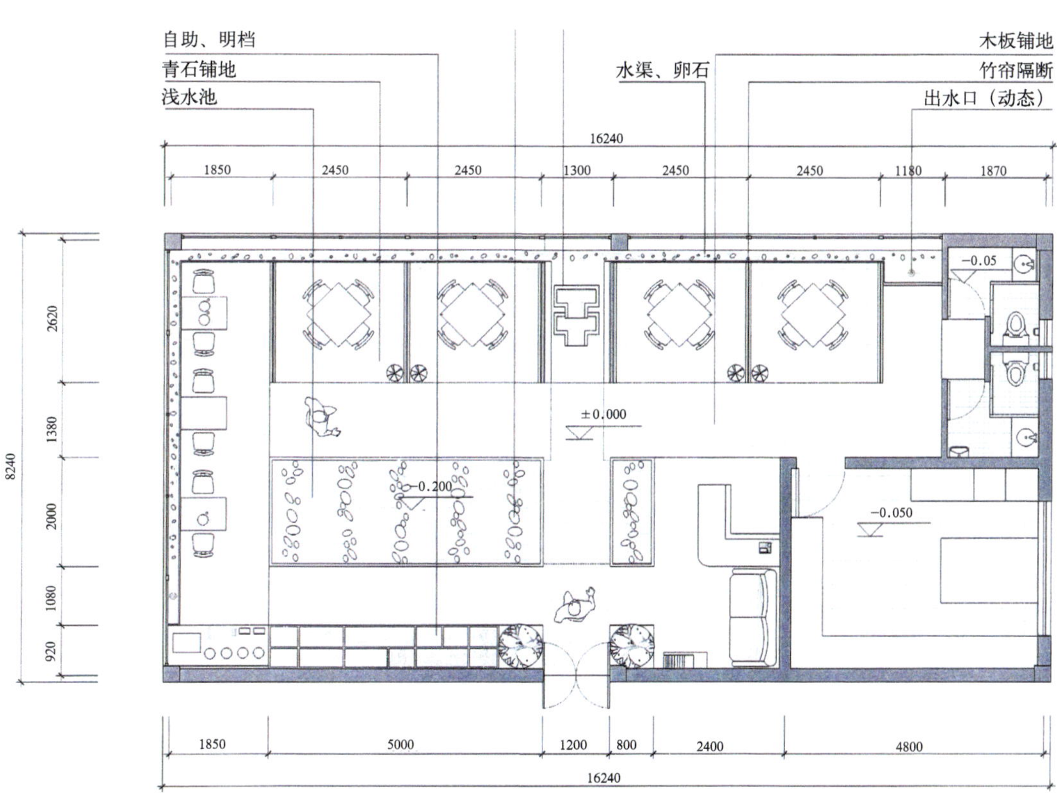
自助、明档
青石铺地
浅水池
木板铺地
水渠、卵石
竹帘隔断
出水口（动态）
16240
1850
2450
2450
1300
2450
2450
1180
1870
8240
2620
1380
2000
1080
920
-0.05
±0.000
-0.200
-0.050
1850
5000
1200
800
2400
4800
16240

此作品注重黑白灰对比，把重色集中在地面与家具之间，使大堂稳重而开阔，作品重点刻画椅子和大堂中心的装置，柱子留白既表现了质感又形成了明快的对比，柱子的下部用蓝色铅笔表明柱子的立体感和分量感。

工具：钢笔、马克笔。

办公室是一个会客、工作的地方，装饰应以简洁干练为主，深棕色的书柜与深褐色的实木办公桌，形成一种干净而整洁的办公氛围。而黑色的真皮办公椅则是这硬朗的办公室里的一点柔和之处，与之相呼应的还有角落上的绿色植物，这不仅使室内生机盎然，而且能使办公者在工作之余有一方让眼睛休息之地。

工具：钢笔、马克笔。

在表现餐饮空间时，把重点表现在桌椅上，因为上部的空间设计已经相当丰富。用统一又不重复的线条表现多个不同的桌椅，刻画了部分关键性的投影，既达到整体又不凌乱的效果。缺点是右边的植物刻画过多，而且画得不太理想。

工具：钢笔、马克笔。

此作品重点表现在两大柱子间向上延伸的楼梯及圆形走廊，在表达出强烈的阳光效果的同时，对暗面进行区别表现，楼梯暗部的刻画丰富而统一。屋瓦及地面的投影，使画面不至于单调而富有节奏感，前排柱子简洁的刻画，既体现了质感又突出空间。

工具：钢笔、马克笔。

这幅图是先设定好光源的方向，希望营造出一个比较温暖调子的家的感觉，所以使用了森林色系来刻画家具，而且在落地窗前的一小组家具，突出其藤制家具的特点，与主客厅的沙发形成对比与分区。在比较轻的顶棚与厚重的地板之间，更多的是着力于地板的描画，不单是家具的投影，倒影，以及灯光的倒影，使其显得丰富而有活力，让整个家充满活泼跳跃之感。

工具：马克笔、签字笔，白色水粉，彩色铅笔。

用灰色马克笔分出地面、墙面和顶棚的空间，再用马克笔画出大致的色彩关系和氛围。重点表现桌椅，注意玻璃的表现，投影和倒影的关系。最后用白色水粉点画亮面，表现地面的光滑质感。

工具：马克笔，彩色铅笔，签字笔，水粉。

画面视觉中心位于正中心，着色时，注意虚实过渡，着重刻画主题物以及周围物体的关系，次要部分以浅灰色清扫带过，适当的留白更能体现空间的纵深感。该图用笔爽快，不犹豫，不拖泥带水。

工具：以马克笔为主，辅以彩色铅笔，签字笔。

欧式厨房主要以吊柜和地柜为主，着色时，要区分地柜的金属质感和吊柜的木材质感，注意色彩的搭配以及金属反光、环境色和阴影面的协调。中间台面的表现略脏。

工具：以马克笔为主，辅以彩色铅笔，签字笔。

办公空间色调较为单一，大面积的玻璃幕墙，高反光的地板。这里用了很多反画法在阴影处留出空白，玻璃幕墙则用短线营造出玻璃质感。

工具：签字笔，马克笔，彩色铅笔，白色水粉颜料。

着重刻画画面中间部分，虚部分以浅灰色淡淡扫过作为过渡。以排线的不同走向来区分石材地板、皮革沙发和油漆木的质感。在桌面上留出适当的空白，加入环境色和补色，表现出桌面的光影效果。

工具：马克笔、彩色铅笔，签字笔。

以暖色来塑造酒店餐厅的气氛。以彩铅淡淡刻画顶棚，将观者的视线留在下方着重刻画餐厅近处的桌椅上，区别每一张桌椅的笔触，避免雷同而产生的单调。植物作为点缀，也采用偏暖色的绿色以更好地融入画面。该图冷暖色对比处理较好。

工具：马克笔，彩色铅笔，签字笔。

考试中快速表达的要点就在于，快、准、狠。能快速、准确地表达强烈的整体效果才是关键，小小的败笔在所难免，只要不影响大局，大可不必去管它，因为时间来不及。这幅画明显的败笔就在窗外蓝天处有一点灰来不及改正。马克笔画完如果能用白颜色把有些地方尤其是高光处提亮一点，效果会更好。

工具：钢笔、马克笔。

作品用马克笔表现家具基本色，营造大的室内效果，再通过彩色铅笔描绘细节，铺设营造整体的氛围，最后用白色勾出高光及受光明亮的部位，该图色彩丰富，室内充满光感。

工具：马克笔，签字笔，彩色铅笔，水粉。

通过重色及明暗的对比突出客厅中心。地毯和餐台的色彩变化，使画面中心更为丰富，与四周概念的表现形成虚实、精简的对比，作品特别对小花窗进行刻画，表现我国传统满洲窗的特色，使之更为传神。

工具：马克笔、签字笔、彩色铅笔。

这是一张用传统元素作现代设计的快速表达。绘图工具还是彩色铅笔，签字笔，马克笔。作品的黑白灰关系处理得很到位。能熟练地运用传统设计元素并追求从传统到现代的异化。图左边虽然从画面上看似乎少了点，没画够，但对整体的影响不大。

这幅效果图的特点是很理性地套用森林色系。画面效果比较协调，但是笔在有些地方变化不是太到位，有几处表现光影的收尾用笔缺少变化，略有雷同之感，对画面有一定影响，整体效果还是不错。

工具：签字笔、马克笔。

这是一幅以水彩为主辅以马克笔效果的效果图。色彩亮丽，辅助设施画得也很丰富，只是窗外的天空略显脏了点儿，但似乎不影响大观。阴影部分画得好，重颜色压住了画面的“阵脚”，使亮丽的色彩不至于太跳。

这是一个题为度假村的客房设计。该效果图表现的是阁楼上的客房一角，签字笔加彩色铅笔效果。很抒情的格调，很质朴的设计，很人性化的氛围，很流浪的感觉。虽没有表现全局，但作者以小中见大的方式来处理画面，让人有一叶知秋的感觉。

整体黄色调的处理，与欧式建筑较好的结合，使空间有返璞归真的感觉。远景的集中处理，增强空间的纵深感。近景和顶棚的留白，更好地衬托主体。地面质感处理较好。

工具：马克笔，彩色铅笔，签字笔，水粉。

双人卧室设计。

色调采用原木色系，充分利用木质原色的深浅不同的特点，来决定它在室内的位置，从而使室内的色阶组织呈现黑白灰的层次变化。床背后的光感处理很到位，地板及墙身木质的质感画得也相当好。

工具：马克笔，彩色铅笔，签字笔。

这幅作品绘图工具全部用的是彩色铅笔。彩色铅笔也有些弊端，比如难压重颜色，速度也没有马克笔快，但彩色铅笔能画出很丰富的色彩和细节。一般画彩色铅笔和画素描一样，先画好它的明暗关系，然后插入一些周围与之相近的颜色作为它的环境色，这样能让色彩和画面更加协调。用彩铅作画一定要把握好物体的质感，硬的东西可以用强烈的直线，比较柔软的东西用曲线，也是彩色铅笔的优势，这是马克笔比较难做到的。

工具：彩色铅笔。

这是一个办公空间一角的效果图。考试时不管多大的场面，表现效果的角度选择一般总是自由的。你可以随便选择你认为最有效果的地方去画。这幅图的特点就是地面画得好，透明、光感、材质效果明显。

工具：签字笔、马克笔。

这幅作品刻画的是餐厅空间，周边及顶部均为透光玻璃，绘制过程中除了要描绘内部场景，更重要的是把通过玻璃反映出来的周边环境氛围烘托出来，这使该作品的表现显得有一定的难度，作者整体把握的尚可，但是对外界投射入内的光影的刻画偏弱。

工具：签字笔、水彩。

这是一个客房内部的场景，画面构图比较生动，近景为充满水的浴缸，作者对浴缸内产生的泡沫及龙头流出的水刻画的比较到位，中景家具的材质感也表现得较好，远景用简略的手法描绘了外部景致。同时，作者对画面整体光影效果也把握得比较好，烘托出了午后阳光入射的氛围。

工具：签字笔、水彩。

这幅作品是学生在民居测绘过程中对民居内部场景的写生，作者用炭笔生动的表现出内部空间的整体光影关系，同时也不失对一些细部雕花的刻画。

工具：炭笔。

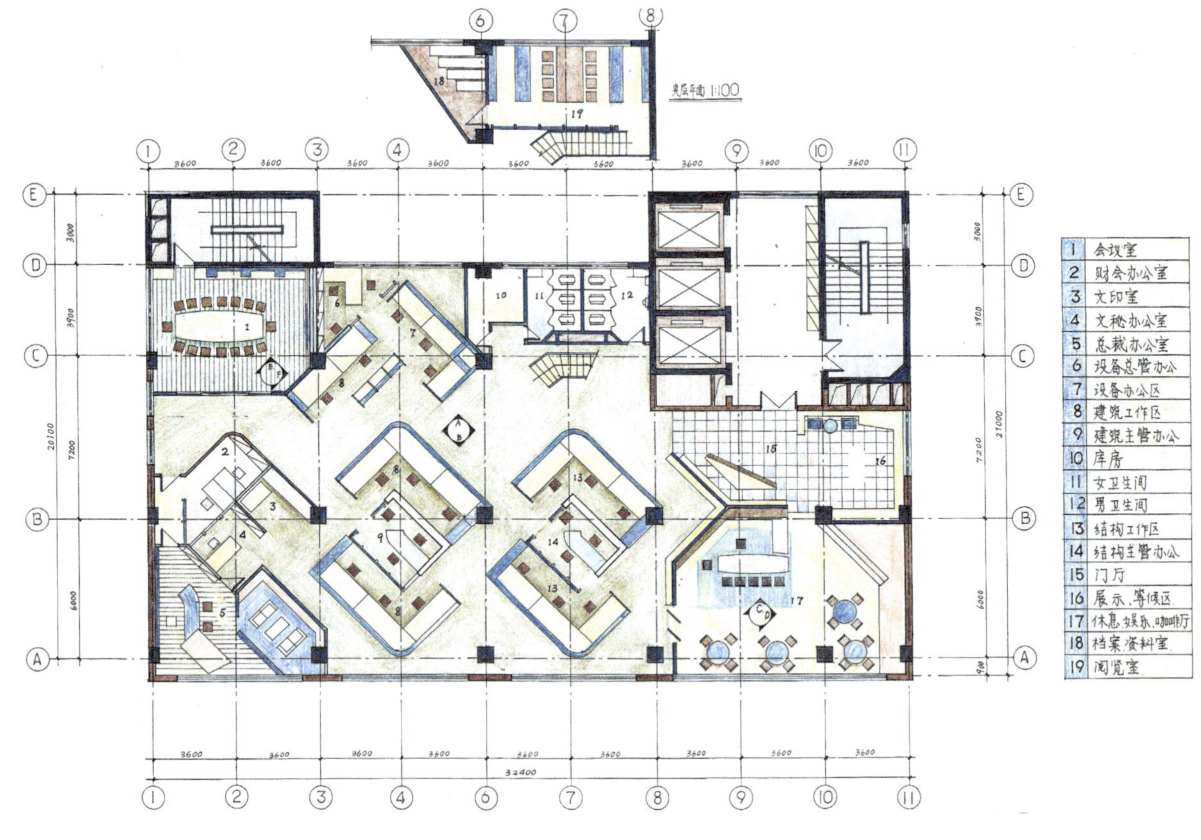

平面方案图 1:100

会议室效果图

主管办公室透视图

夹层楼梯空间透视图
① 会议椅
② 总裁办公室方茶几
③ 接待处单人沙发椅
④ 咖啡圆桌

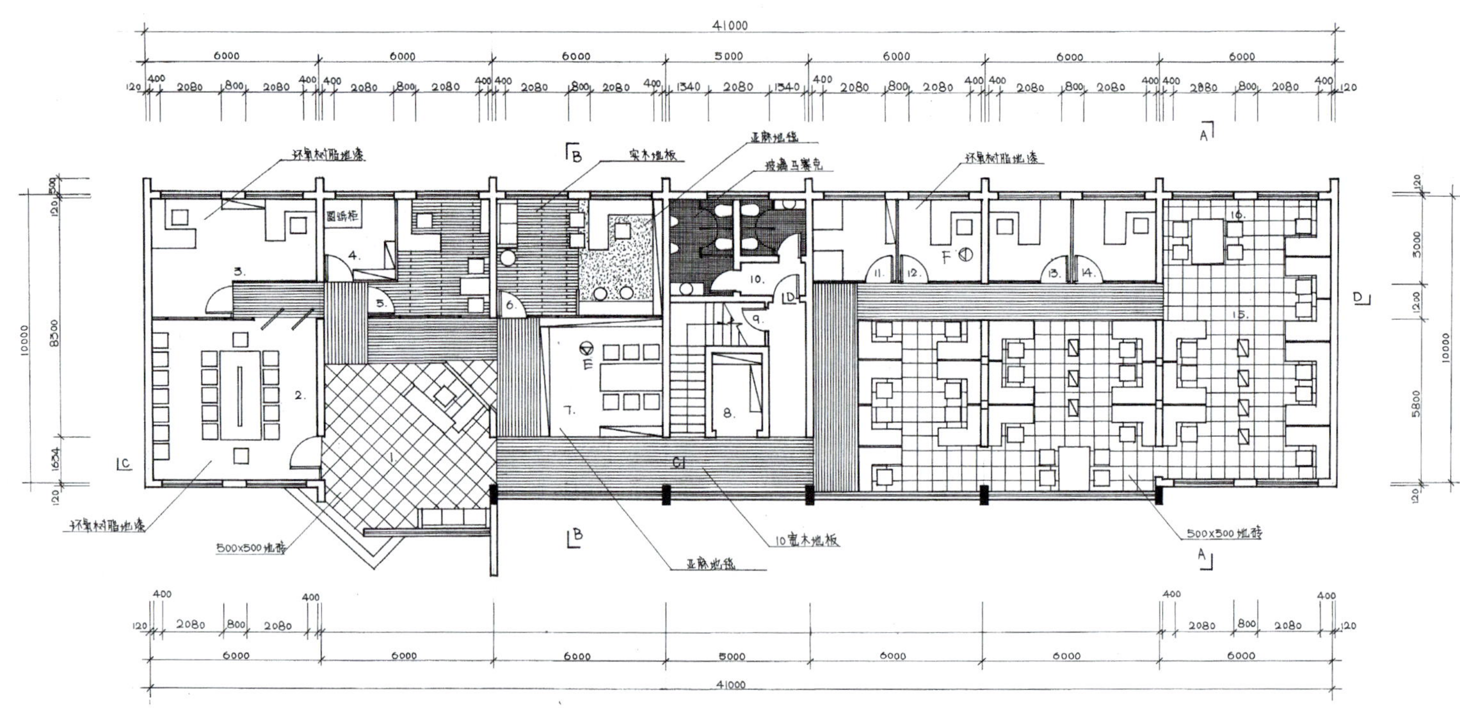

平面布置图 1:100

灯具的选择

办公空间效果图

小组长室效果图

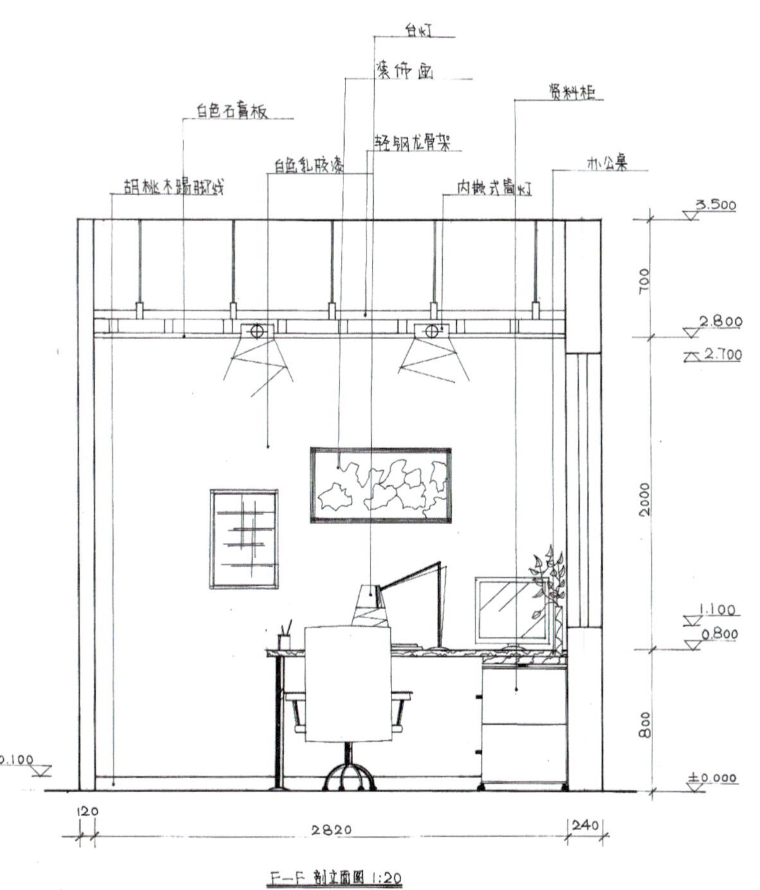

F—F 剖立面图 1:20

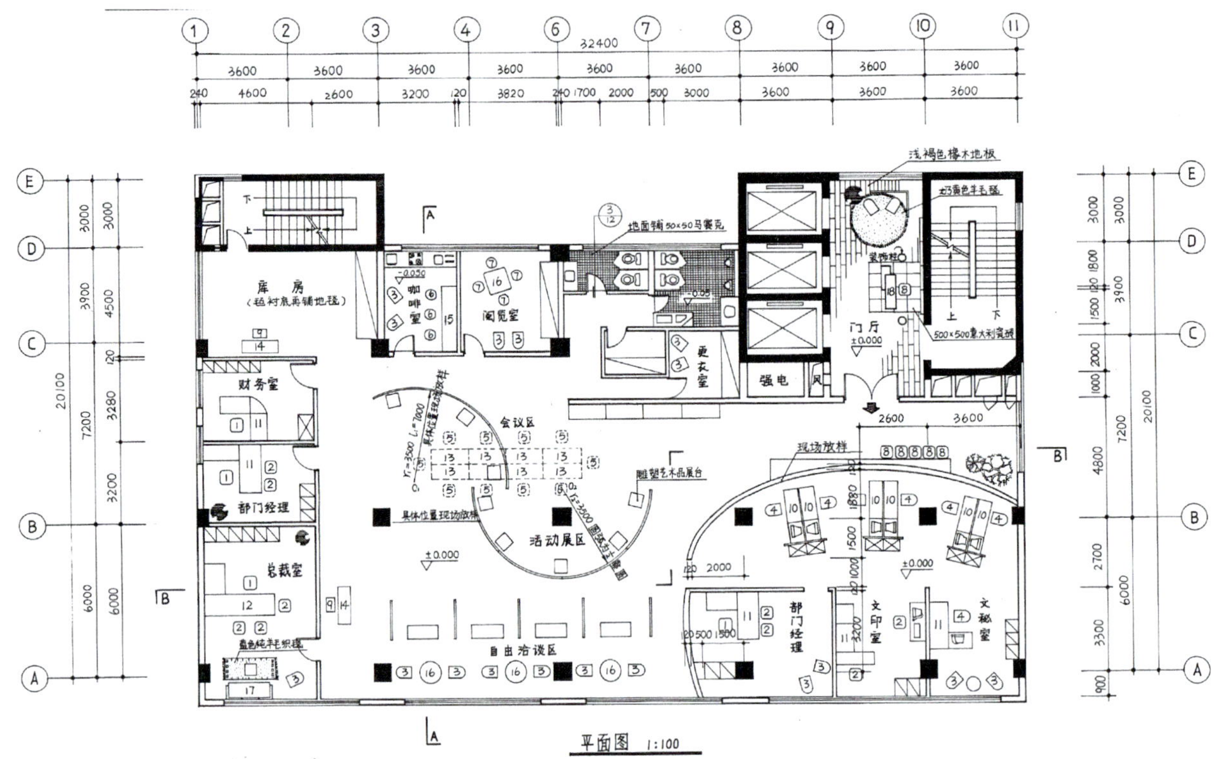
32400
库房
财务室
部门经理
总裁室
咖啡室
阅览室
会议区
活动展区
自由洽谈区
更衣室
强电
门厅
现场放样
雕塑艺术品展台
文印室
文秘室
浅褐色橡木地板
±0.000
平面图 1:100

这是一张平时的作业设计练习，绘图工具为水粉和水彩结合。画面效果光感很强，空间感很好，是一件不错的作品，用色稍微灰了一点点，但这对于作品的大效果无大碍。有平时这样的功底，考试的快速表达就相对简单多了。

工具：水粉、水彩。

该组作品用彩色铅笔刻画出室内空间丰富的光影变化，上图侧重表达自然光影，下图侧重表达人工光影。作者比较好的表现出了不同光影下的明暗关系、材料质感。不足之处是画面整体略显繁复。

工具：彩色铅笔。

建筑设计部分

这是一个现代建筑风格设计个案。玻璃幕墙的质感画得很好，立面设计也很具现代感，很大气。作者水彩功底很好，画面控制收放自如，色彩和水分都恰到好处。

工具：水彩，水粉。

在作者选择的绘图角度是两点透视，这个角度能较好地表现建筑的体量。方法是用水彩渲染。水彩渲染是慢了点儿，但把握较大，成功率高，只要渲染面积不是太大，考试时时间允许，也可一试。

工具：水彩，签字笔。

作为环境艺术设计专业的建筑考试，一般属于风景建筑类，即小型建筑设计。像这一类的建筑可用作风景区的酒吧、茶室、小饭店、小卖部等等。这类建筑不但要满足功能的需要，更重要的是要与景区协调，甚至成为景区一景。这是一整套图纸，包括各个立面及效果图（缺少了平面图）。这是标准的考试模式，也许考生从中可以了解一二。这个方案的灰空间设计得挺好。

工具：签字笔，马克笔，水彩，水粉。

这个方案就是有把目标设计成景区一景的感觉。作者的水彩感觉很好，太阳的光感画得很到位。可以用“入画”或“如画”两个字来形容。色彩感觉也不错。

工具：签字笔，马克笔，水彩。

这是仿欧洲古典风格的设计个案。它要求考生对欧洲古典建筑语言非常熟悉，包括窗式，门式，柱式，山花等等。如果没有对中外传统建筑语言的掌握，想在考试中稳操胜券是有点难。该图画的挺好，钢笔加淡淡的水彩，很适合考试快速表达的工具。有时线稿画好了，就成功了大半。

工具：钢笔、水彩。

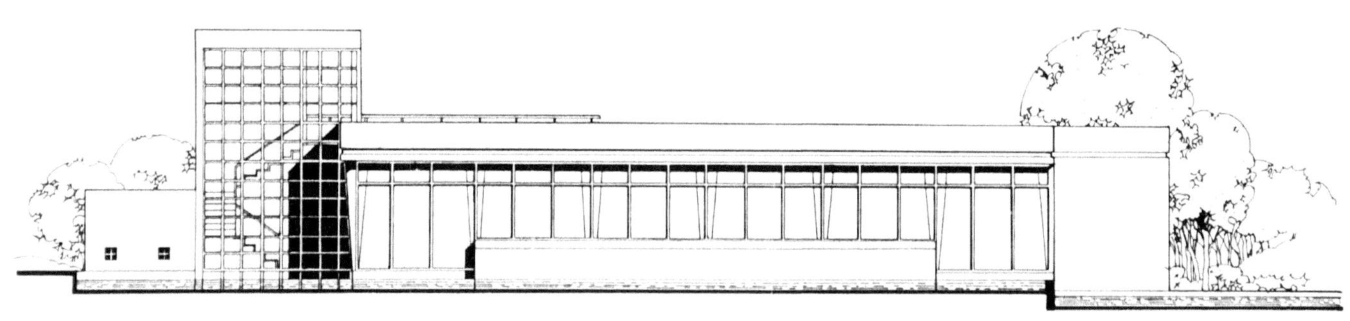

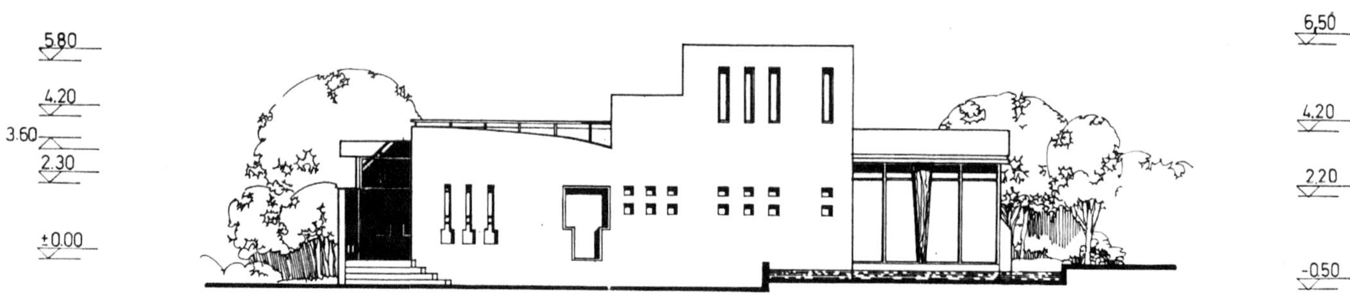

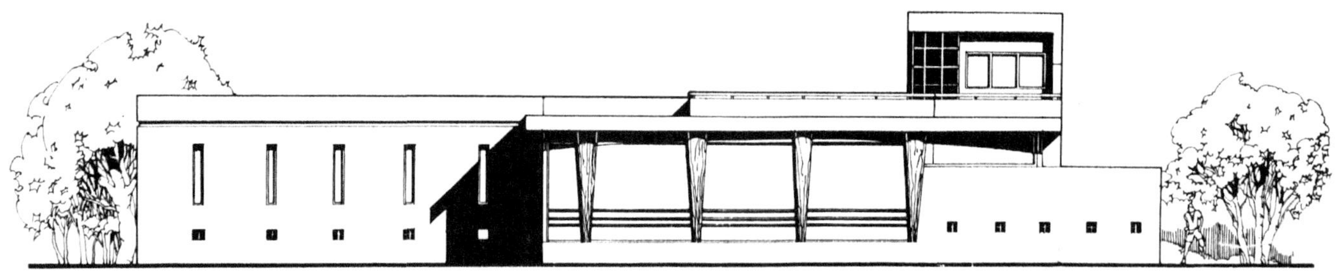

这是一整套图纸，包括各个立面及效果图（缺少了平面图）。这是标准的考试模式，也许考生从中可以了解一二。效果图画得很稳重，建筑的材料质感也表现较好。因为平面图，立面图，剖面图等，这些是最基本的表现，学过制图基础的考生就没有问题了，主要还是看设计效果及效果图表现技法。这项技法，考生水平差距较大。

工具：签字笔，马克笔，水彩，水粉。

这幅表现图表达的是一个传统场景，可以作为学习如何用墨线和马克笔刻画一些传统景观建筑元素，如蝴蝶瓦屋面、木饰面、木构、青石地面、青石花坛等等。

工具：马克笔、签字笔。

表现图的角度选取，除了要构图优美外，更重要的是对设计意图的清晰表现。该表现图使用了一个高视点的角度，因此，矮墙后面的茶座可以被清楚地看到。该画面色彩笔触运用灵活，点、染、渲相结合，表现出色到位。

工具：水彩。

这幅图画得相当不错，色调及用笔技法都很熟练，光影效果也相当真实。建筑立面设计得也相当具有现代感。

工具：水彩，水粉。

画面的素描关系分明。黑顶、白墙、灰色基座，呈现了三个层次。植物以水为分界形成两个部分，远处的颜色艳、亮、暖，近处的色彩灰、重、冷，以此拉开了空白的距离。马克笔的用笔干脆利落，用叠加的方法表现物体的冷暖关系。画面清爽自然，别有风味。

工具：钢笔、马克笔、彩铅。

该表现图的构图颇具趣味，带状的标牌，既在画里，又似画外，点明了画面的主题。右侧伸出的钟作为近景使画意延伸到图面外。场景中大量的人物加强了商业氛围。人物没有上颜色，与建筑区分开来，形成了清晰地层次。

工具：针管笔，马克笔。

这是一幅纯钢笔稿透视图，是属于小型建筑类设计。有些学校的环境艺术设计，由于个别导师的方向不同，考试内容也就差别大了。如果是建筑设计，实在没有时间画完效果图，也要把完整的透视稿画完。

工具：钢笔。

该图采用了由廊道向外看的表现角度。廊道的地板和顶棚作为近景增加了层次。作者很重视对光的表现，利用水彩的特性制造出了轻松地光影效果。画面整体构图饱满，色彩滋润，表现到位。

工具：钢笔、水彩。

该作品严谨而不失生动。作者借助尺子表现了硬质景观的坚挺感觉，而植物则徒手勾画，与饱和的色彩一起体现了柔软的质感。对不同材质的细腻表现令画面倍添生动。

工具：钢笔、水彩。

该表现图的素描关系相当丰富。作者用不同的用笔和不同层次的灰面来表现各种质感。比如用线条结合打点的方法表现出墙面厚实粗糙的感觉，远近的大树用短的折线来表现树冠的蓬松感，远处的杉树则用了密集的竖向短线条。

工具：钢笔。

该作品运用了较为传统的钢笔画法，线条的运用肯定到位，画面整体细腻生动，黑白关系丰富，细节刻画到位，特别是对树木和建筑的刻画比较精彩。水面采用了留白的方法，只是表现了一点倒影和水纹，达到了“此处无声胜有声”的效果。

工具：钢笔。

该作者的水彩技巧十分娴熟。山体的层层叠染概括的表现了树木的繁茂。水面的倒影反射出山体与天空的颜色，并做了灰度的处理。近处的挺水植物作了重点刻画，详细而生动。

工具：钢笔、水彩。

这是一个建筑外廊的水彩临摹，画面的光影关系表达的比较到位，作者对于水彩的运用技法也比较娴熟，很好地表现了不同物体的表面质感。

工具：水彩。

本图是对于校园环境的水彩写生，画面整体处理的比较清爽，建筑物白色墙体的光影刻画也比较到位，但是对于近景植物的处理略显粗糙。

工具：水彩。

这是一个湖边码头设计。传统式样，风景区的仿古建筑是常用的。这是一个考试套路的小型建筑设计。平面图，立面图，俯视图，透视图。实在没有时间画完效果图，也要把完整的透视稿画完。这样起码可以让评卷老师看到你的完整的方案表达。

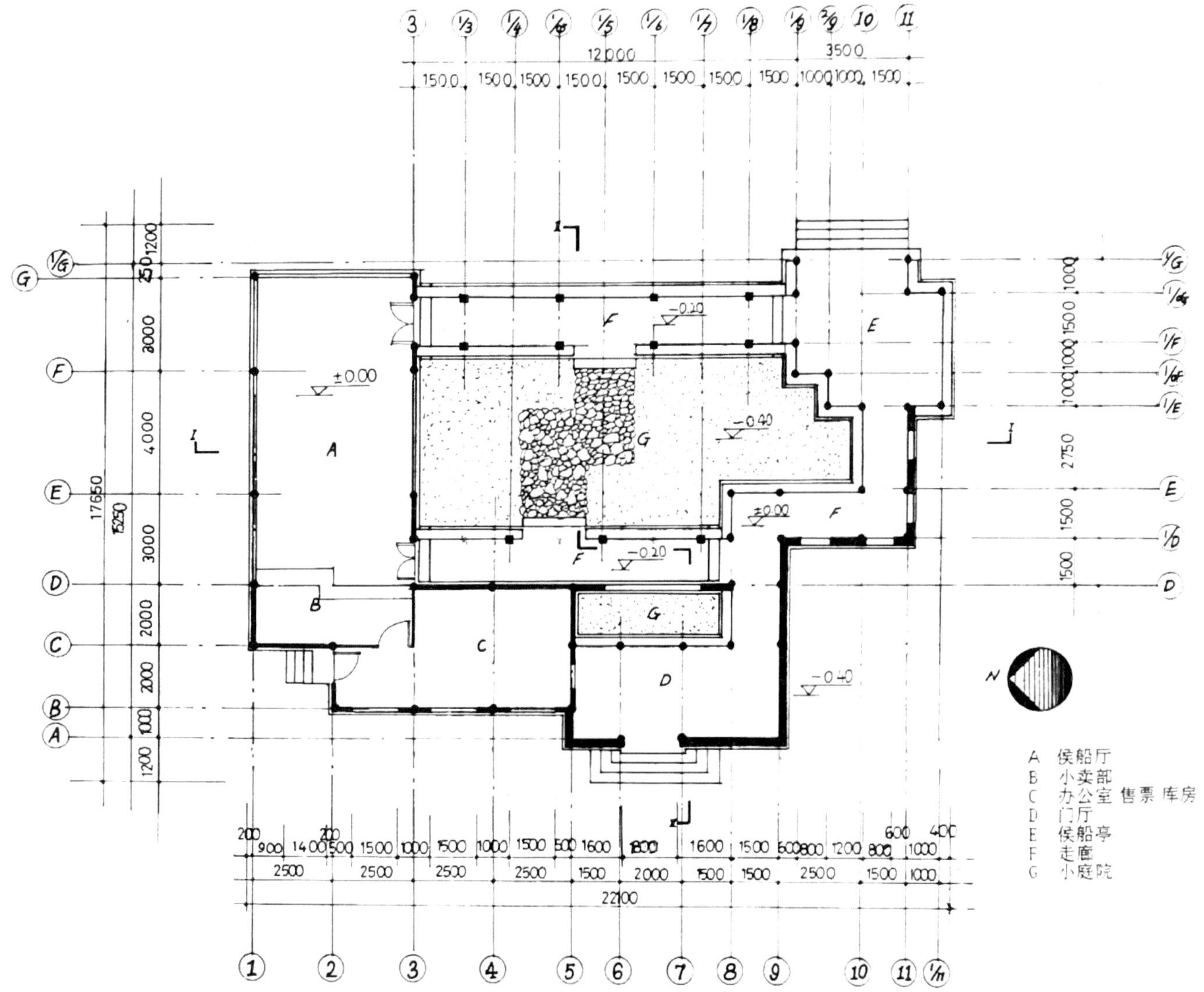

A 候船厅
B 小卖部
C 办公室 售票 库房
D 门厅
E 候船亭
F 走廊
G 小庭院

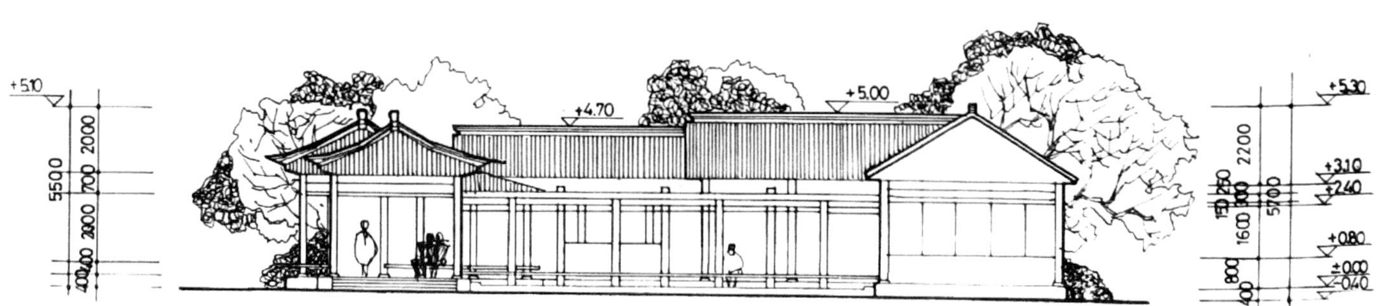

本图表现的建筑为公园中的婚礼殿堂，画面采用了浪漫的紫色作为基本色调。婚礼堂斜向的屋檐把视线引向了远处的字母，构图在奇险中求得平衡。画面中仙鹤、柳枝的运用富含深意，煞费苦心。

工具：钢笔、水彩。

湖边小型餐厅及码头设计。这种小型建筑设计是考试当中经常遇到的，因为考试时间有限，大型建筑考虑因素太多，花时间也就更多，放在考试就不实际，考生过于匆忙，无法看到真实水平。这种小型建筑设计是考试当中经常遇到的，仅作参考。

工具：马克笔，签字笔，彩色铅笔，白色水粉颜料。

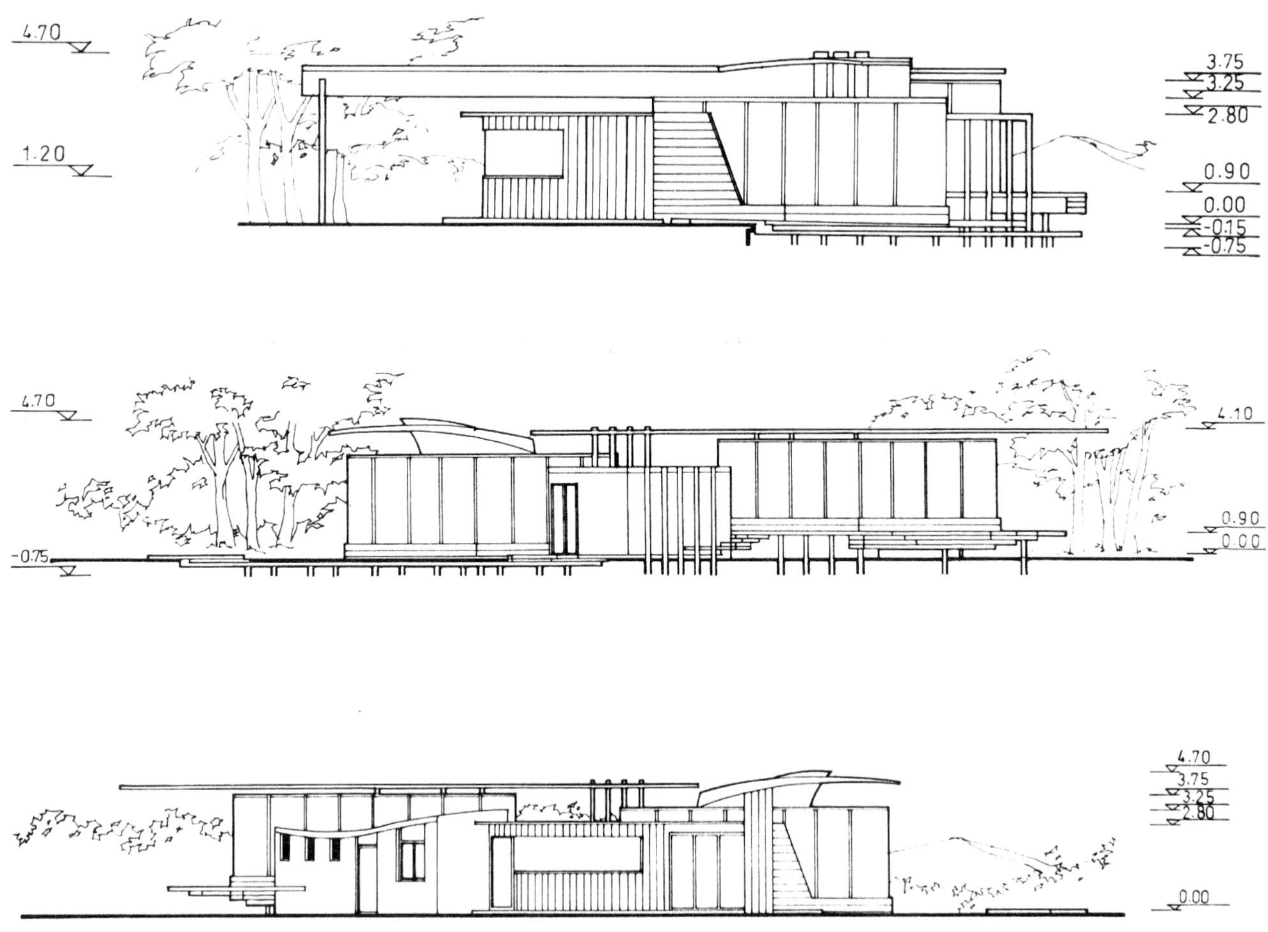
4.70
1.20
3.75
3.25
2.80
0.90
0.00
-0.15
-0.75
4.70
-0.75
4.10
0.90
0.00
4.70
3.75
3.25
2.80
0.00

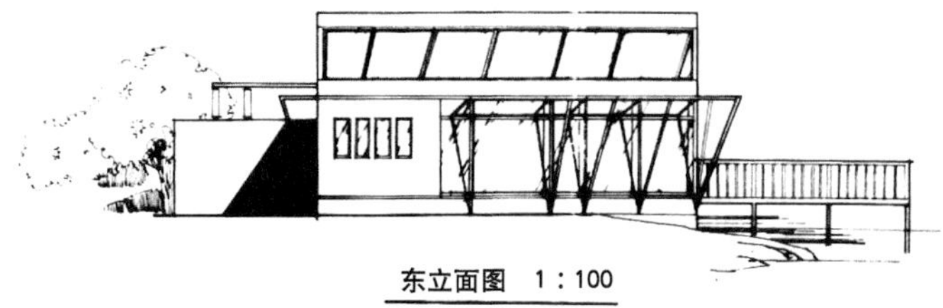

东立面图　1：100

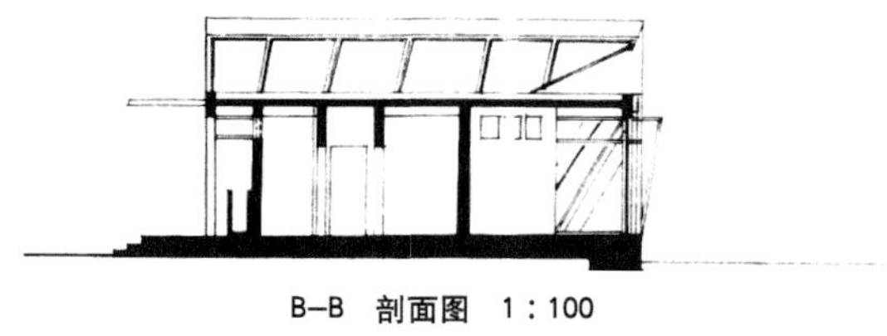

B–B　剖面图　1：100

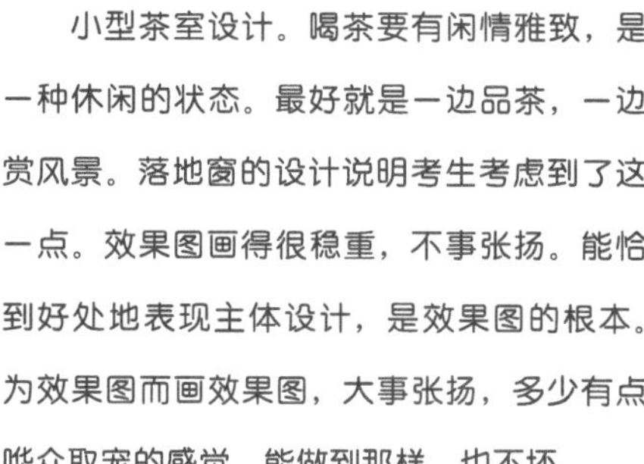

小型茶室设计。喝茶要有闲情雅致，是一种休闲的状态。最好就是一边品茶，一边赏风景。落地窗的设计说明考生考虑到了这一点。效果图画得很稳重，不事张扬。能恰到好处地表现主体设计，是效果图的根本。为效果图而画效果图，大事张扬，多少有点哗众取宠的感觉。能做到那样，也不坏。

工具：马克笔，签字笔，彩色铅笔，白色水粉颜料。

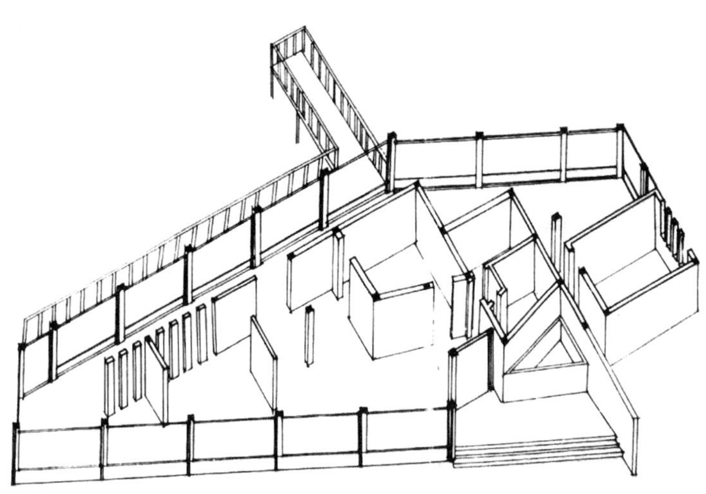

轴测图

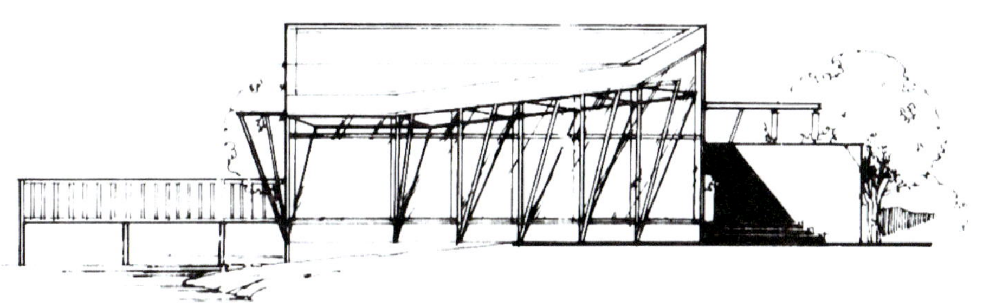

西立面图　1：100

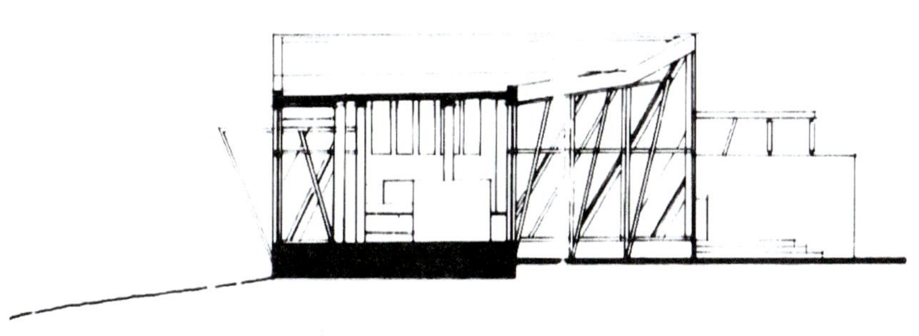

C–C　剖面图　1：100

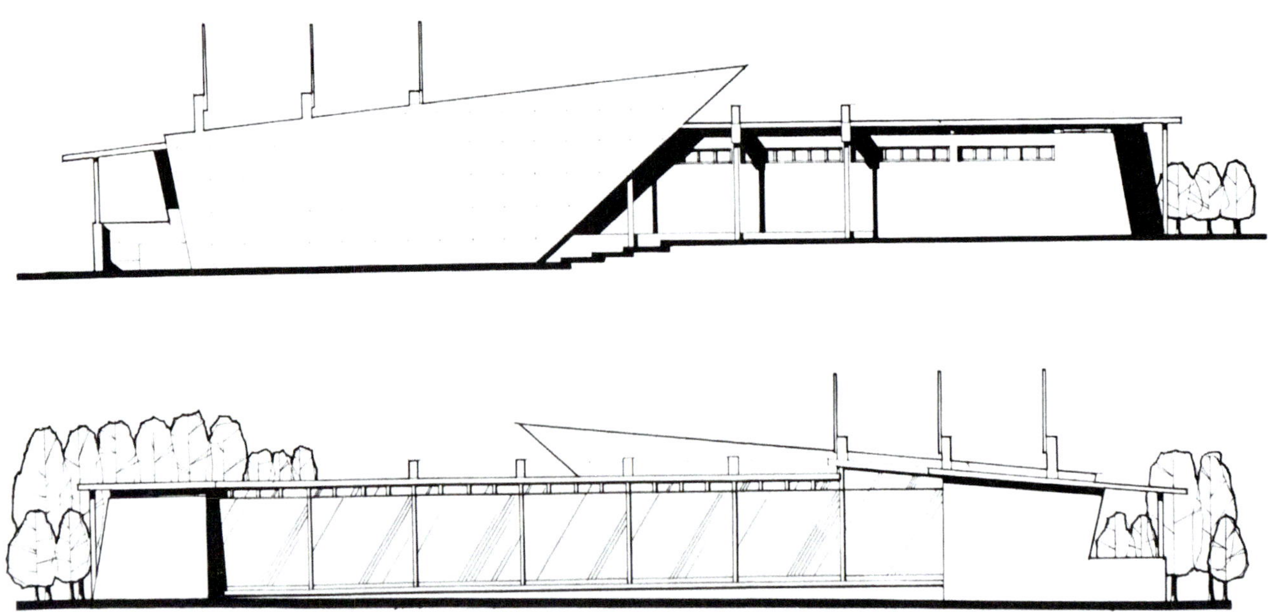

这是一幅小型茶室设计方案。茶室要设计得有品位，喝茶才有不同的情趣。就像不同类型的吧或咖啡厅，聚集着不同类型的人。可以设计成现代的，也可以设计成古典的。这幅图用灰色调画成，简约，尽显雅致。

工具：马克笔，签字笔，彩色铅笔，白色水粉颜料。

树林里的茶室。茶室设计是可以尽情发挥设计师才能的项目，要有修养，有品位，有情调……就看你水平如何了。建筑设计考试的要求无非就是：平面图，立面图，剖面图（多半不做要求）、效果图，加上设计说明而已。一般6～8小时完成。

工具：马克笔，签字笔，彩色铅笔，白色水粉颜料。

东立面图　1:100

这是一组小住宅设计方案手绘图，该设计平面布置流线清晰，分区明确。

外部造型也体现出清晰的虚实关系。立面表达辅以彩铅填绘，能够较好的反映出立面进退关系，透视均用墨线表达，用线条生动的描绘出场景的氛围。

N
10240
1500 3000 1600 3900
3900 2200 3900
3600
3900
3600
2100
2100
6900
1500
21840
5400
5700
2100
2100
4800
±0.00
-0.45
1. Passage
2. Living Room
3. Parent Room
4. Dining Room
5. Kitchen
6. Maid Room & Laundry
7. Bath Room
8. Garage
9. Storage
10. Terrace
11. Garden.

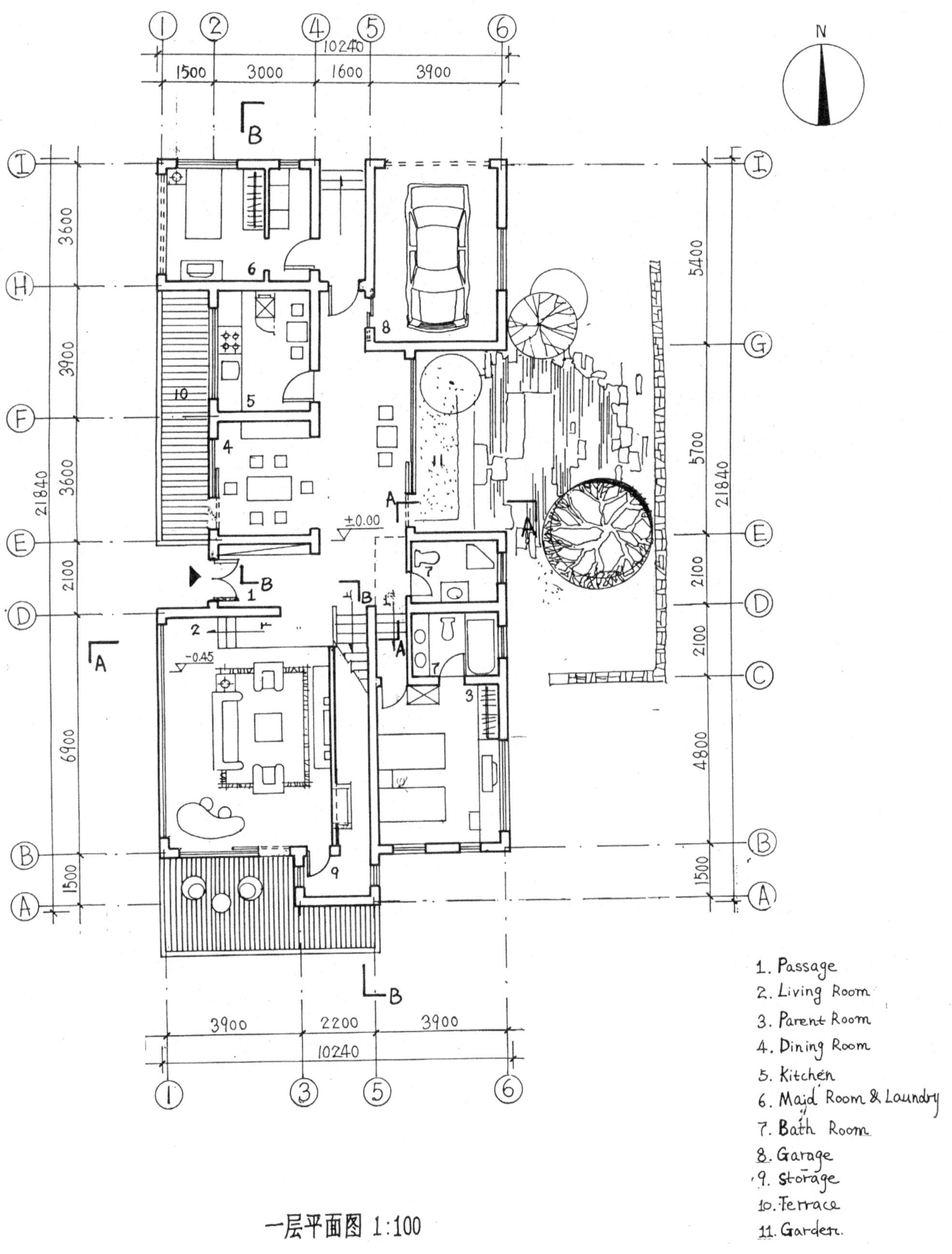

一层平面图 1:100

本图表达的是山间的小径及山门，画面中大面积的野生植物烘托出幽静的气氛，对于山门的朴素的表面质感也表达的比较到位，但是对于背景树及天空的处理略显浮躁。

工具：马克笔，签字笔，彩铅。

这是一个挺不错的小型住宅建筑设计，现代主义作品。从立面上看，很像受蒙特里安影响的利特维特的作品。线面及块体之间的穿插很有意思。铅笔画的特点就是比较慢，但不太容易画坏，况且还可以涂改。

工具：签字笔，彩色铅笔。

这幅水彩画的效果图，虽称不上老辣娴熟，也是学生当中画得较好的。建筑主体很突出，远处的树林也虚得挺好。

工具：水彩。

旅游景区小商店。这种题目也是小型建筑设计中经常会遇到的。这种建筑的设计宗旨就是不要妨碍自然景观，最好把它设计成景中一景，最低也要设计成和环境协调。材料则最好是当地材料或自然材质。这幅图画得相当漂亮，像一幅水彩画。虽然用了大量的马克笔，却相当柔和，抒情，不生硬。

工具：马克笔，签字笔，水彩，彩色铅笔。

该作品以蓝色铺设建筑物，既体现了玻璃与大理石的质感，也说明了固有色。台阶的描绘从淡淡的阳光到留白（特意与路边的小树形成明暗对比），到大门的暖灰色，使整个台阶富有节奏感和空间感；对草木有层次的描写，既丰富画面又衬托主题。

工具：签字笔、马克笔。

该作品线条运用较为洒脱，寥寥数笔就勾勒出画面形体，体现了作者较强的手绘能力。画面主体突出，重点刻画建筑物上部，剩余部分则一笔带过，画面整体感控制得较好。

工具：签字笔、马克笔。

此作品全用暖色完成，在暗面上出现了一点绿色，使画面更协调和清爽；作品着重表现了屋檐横梁结构，既统一在暗面里，又有结构清楚，对大门的加重既起到了重心的作用，又增添了古屋的神秘感，周围墙的特色及人和树都做了描绘，有虚有实，有收有放。该图虽用色较单一，但古建筑的古朴感突出，主题突出。

工具：签字笔、马克笔、彩色铅笔、白色水粉颜料。

该作品线条运用较为洒脱，零碎的线条恰到好处的体现出老建筑斑驳的表皮，体现了作者较强的手绘能力。画面明暗突出，体现出较好的光感。

工具：签字笔、马克笔。

画面是描述城市角落里残留下来的一间破旧房屋。采用在室外素描写生稿的基础上，用马克笔上色的方法。主体用色较沉稳，周围偏轻，体现一种凝聚力。由简到繁，由浅到深，有暖到冷等多种过渡巧妙结合是这幅画的精髓所在。

工具：签字笔、马克笔、彩色铅笔、白色水粉颜料。

景观设计部分

本设计体现自然生态原则，设计不仅停留在自然美的原则，还顾及景观的参与性。石景放置在水中，打破了平静而单调的水面，增添了可看的景物。石头驳岸与水生植物地配合也是该方案值得称道的地方。

效果表现上画面清爽湿润，水生植物地刻画细腻生动。清澈见底的水面表现方法，是先上一层天空的淡色作为亮部，再用足够深的颜色画上倒影，并通过倒影表现出水波的形状。需要注意的是，倒影的形体由于受到水波的影响肯定比原物模糊一些，在明度和色彩上也会相对弱一些。

工具：钢笔，马克笔。

本设计利用原基地的地貌特征，略加设计修整。并使上部中规中矩的水池设计与原基地的自然地貌肌理形成强烈对比，使设计元素在不经意中形成有机组合，伴以理水和植物的陪衬，整个设计就显得不是那么刻意，而显得非常休闲，放松。

工具：钢笔，彩色铅笔，马克笔，水粉色。

该设计的组成元素比较简单，但是由于组合的恰当到位，达到了丰富的视觉效果。效果表现上透视的聚焦加强了空间的深度，画面总图色调至消失点转深，强调出主体的景观建筑。水面颜色处理的较深较冷，与草地的淡黄色形成了明度和色相上的对比。

工具：钢笔，马克笔。

这是山顶平台设计，逐层抬高的椭圆台地顺应了山势，通过廊桥到达平台顶部。表现上重点刻画出不同景观元素的材质效果，以及人工构筑物与自然植被的和谐关系。

工具：钢笔，彩色铅笔，马克笔。

本设计表现了一个带游泳池的私家别墅花园，设计利用花园所处的坡地地形，营造了丰富的竖向景观，恰到好处的利用高差产生的驳坎作为泳池的屏障。

效果表现上对于材质及小品的刻画较为细致，流水的态势及纹理的表现较为生动。

工具：钢笔，彩色铅笔，马克笔。

该方案对高差的处理方式值得称道。板岩贴面的车库层外立面用茂盛的树木遮挡，其他高差处理成不同斜度的草坡。连接上下的阶梯被折成几段，顺应了地形。该图体现了作者深厚的写实功底。作者用水彩塑造出了厚重扎实的体积，对各种材质，特别是对板岩墙面的描绘比较生动。画面色彩浓郁，体现出温馨和谐的居住氛围。

工具：水彩、马克笔。

这是在自然坡地上设计的以曲线为特征的各种带有嬉戏玩耍性质的各种造型。给荒野的自然平添一点人气和童趣。

工具：钢笔，彩色铅笔，马克笔。

该方案是一个乡村客栈的环境设计。场地原有的茶园被保留并修整，建筑屋顶使用景观植物，边缘使用藤蔓植物柔化建筑边界。该表现图线条流畅、轻松。茶树的湿润画法是先用亮部的颜色打底，趁其未干时上暗部的色彩，同时注意用笔的方法和色彩的关系。

工具：水彩。

山野之地，小溪，坡地，树林，这本身就构成了一种自然的景观，加上曲径通幽的原木小桥，还有看似不经意，实则用心良苦的自然梯状设计，给人提供了不漏痕迹的观赏的方便。

工具：钢笔，彩色铅笔，马克笔。

该架空层景观的设计使室内外空间得以贯通。水体从户外延伸至室内，源头的小瀑布成为视觉中心。水边的翠竹遮掩了后面的车库入口。

该作品表现整体而生动。作者对水彩的特征控制得很好，用退晕表现大面积的阴影关系，水面和植物的塑造则保留了大量的水迹，特别是对水体地表现用留白的方式画出了倾泻的瀑布。

工具：钢笔，水彩。

该设计为居住区内一个节点小广场，表现以比较写实的方式刻画出各景观设计元素，特别是对于硬质景观的材质表现得比较到位。

工具：钢笔，水彩，马克笔。

该设计表现主体为水景墙，景墙通过顶部轮廓的变化及台地层次的设置形成较为丰富的视觉效果，表现以比较写实的方式刻画出各景观设计元素，特别是对于硬质景观材质的种类、色彩表现得较为丰富。略显不足之处为景墙的背景植物表现得过于写实，有喧宾夺主之嫌。

工具：钢笔，水彩，马克笔。

这是一个带有浓郁热带风格倾向的景观。设计者对于小空间的营造比较到位，以雕塑为中心，用花坛作围合，不同地面材质区分了不同的空间领域。亭子作为制高点，加强了对于整个场地的控制。

该作品用笔流畅自如，形体塑造遒劲有力，特别是对于植物的描绘具体而生动。作者对于其他景观元素的质感表现也很到位：光洁的黑色花岗岩，粗糙的青铜雕塑，松散的鹅卵石地面，都有着强烈的表现力。

工具：钢笔，水彩，马克笔。

该设计以重演攒尖的古典亭子作为景观焦点。板岩的地面和块石垒砌的基座与树坛都昭示着粗糙的自然特性。

该作品用笔流畅自如。由于直接在线稿中表现了阴影，画面的黑白关系明确，体现出强烈的光感。在人物的描绘上也是干脆准确，足见作者深厚的造型功底。

工具：钢笔，水彩，马克笔。

该设计表现的是街边小广场场景，设计主体为高耸的亭子和横卧的景墙，形成均衡的画面构图。表现以比较写实的方式刻画出各景观设计元素，特别是对于硬质景观材质的表达。不足之处为背景植物表现的略显呆板。

工具：钢笔，水彩，马克笔。

左图是一幅湿地景观设计。利用原生态系统的材料设计的小木桥，将设计景观与自然环境有机地结合起来，看似不经意，实则用心昭昭。

工具：钢笔，彩色铅笔，马克笔。

该设计表现的是街边小广场场景，设计利用自然地形形成两个竖向高度的广场，通过台阶和坡地绿化过渡，设计视觉中心为台阶正对的小亭。表现以比较写实的方式刻画出各景观设计元素的造型及质感，植物配置种类及色彩较为丰富，但作者还是比较好的通过组织形成较为整体的画面。

工具：钢笔，水彩，马克笔。

该设计表现的是宅间小广场，小广场通过矮墙及植物的围合，形成亲切的停留休憩空间。表现以比较写实的方式刻画出各景观设计元素的造型及质感，植物配置种类及色彩较为丰富，但作者还是比较好地通过组织形成较为整体的画面。

工具：钢笔，水彩，马克笔。

作为一个风景名胜区的改造项目，设计尊重场地特质，运用当地的材料，营造出传统古朴的场景。该设计使用地表现方法独特而且极富感染力。呈对角构图的大树与古亭平衡了画面。炭笔所特有的表现力渲染出午后阳光穿过树木的场景。强烈的明暗对比使画面极具视觉冲击力。

工具：炭笔。

该方案是一个自然背景下的茶园改造项目。作者谨慎的对待这种自然的美，以敏锐的感觉捕捉自然中的要素，并表现于景观作品中。以“风”为主题的公共艺术品结合了休闲坐椅的设计。

作者为了突出表现公共艺术品，在画线稿时就注意了与背景拉开距离。公共艺术品用流畅的实线表现，而背景的表现则多用虚线。在用色上，虽然画面都统一在绿色调子里，但是远山的色调用了偏蓝的冷色，以此形成画面前后关系，裸露的暖色黄土成为画面中不可或缺的补色点缀。

工具：钢笔，水彩。

该设计表现的是滨水景观，设计以假山跌水作为水系源头，水系蜿蜒，水边设置不同造型的滨水小节点，总体形成均衡的框景画面。表现以比较写实的方式刻画出硬质景观元素的造型及质感，而对于水面，以流畅的线条表现出流水的动感，从而活跃整个画面。

工具：钢笔，水彩，马克笔。

这是一个村落的水塔改造方案。水塔没有用了，但它毕竟陪伴这里的人度过了很多时光。设计者把旧水塔改造成了一个景观，既保留了人们记忆当中的水塔基本造型，又从材料上彻底改变了原来人们对旧水塔的概念，成为一个人文景观。

工具：钢笔，水粉，水彩，马克笔。

这是一张园林写生，作者比较好地把握了图面的明暗关系，刻画出了画面的层次和纵深感，同时整体构图也比较理想。

工具：水彩。

该作品表现的是一个滨水场景，作者对于水生植物刻画比较生动细致，烘托出宜人的滨水环境，通过线条对水面的描绘亦显灵动，同时很好地处理了水面与水生植物的搭接关系。

工具：钢笔，水彩，马克笔。

该图作者的水彩功底较好。画面很轻松，水分控制也很好，设计目标尺度感还好，只是视觉上平淡了点儿。

工具：钢笔，水彩。

本设计表现的是别墅区主干道上的一个道路节点，画面主体为近景大树及远景跨路的木廊架。表现上作者对墨线条的控制能力比较强，刻画准确而不失灵动，比较而言马克笔的用笔略显僵硬。

工具：钢笔，彩色铅笔，马克笔。

这是一个相当不错的景观设计。作者利用立体构成的线材构成，在山野之间架起了一个有现代文明感觉的造型。水彩画得也好，水分及色彩都控制得较好。只是路面的冰纹拼块造型，透视明显没有画好，但这只是细微处，不影响大局。

工具：钢笔，水彩。

本设计表现的是小区的中心景观，以水面作为主导景观元素。画面构图均衡，整体性强。表现上作者用类于工笔白描的手法，细致地刻画了各景观元素，尤其是对于水生植物地描绘。作者对于水面地描绘也比较生动，通过明暗和笔触刻画出了水面地动感和纵深感。画面略显不足的是天空的笔触过于强烈。

工具：钢笔，彩色铅笔，马克笔。

本设计表现的是别墅区的一个主入口。画面中令人印象深刻的是质感强烈的景墙，水彩笔触将斑驳的表面生动地表现出来。画面略显不足的是对于树冠的描绘有些呆板。

工具：钢笔，彩色铅笔，马克笔，水彩。

本设计的表现中心为一棵大树及其周边的圆形广场，树木作为前景占据了大部分的画面，使得表现具备一定的难度，但作者对于画面的整体把握的还是比较理想，主次关系，前后层次相对还是比较清晰。

工具：钢笔，彩色铅笔。

该作品重点表现的是一堵传统景墙，作者用笔“松散”，恰到好处的勾勒出古朴的场景，体现了作者娴熟的用笔技巧。

工具：钢笔，马克笔。

该作品描绘的是园林一隅，对场景特征的刻画尚属到位，但画面主体——亭的造型略显不足，同时画面组织稍显凌乱。

工具：钢笔，彩色铅笔，马克笔。

该作品用不多的笔墨表现出墙体石材坚硬干燥的质感。画面以暖色调为主，在远处的景观和天空中加入了一些冷色，以此来加强色彩空间的深度。刻画远处的松树时，用了微抖的刚硬笔触。天空中几根随意的线条打破了整幅画面的规整构成。

工具：钢笔，彩色铅笔，马克笔。

该作品表现手法较为独特，整幅画面用彩色铅笔渲染出朦胧的山林景色，层层叠叠，展现了令人心旷神怡的场所吸引力。

工具：钢笔，彩色铅笔。

第三章　环艺专业近年考研试题汇总

北京林业大学
2006年硕士研究生入学考试试题
科目名称：园林设计

华北地区某城市市中心有一面积60hm²的湖面，周围环以湖滨绿带，整个区域视线开阔，景观优美。近期拟对其湖滨公园的核心区进行改造规划。该区位于湖面的南部，范围如图，面积约6.8hm²。核心区南临城市主干道，东西两侧与其他湖滨绿带相连。游人可沿道路进入，西南端为主出入口，为现代建筑，不需改进。主出入口西侧（在给定图纸外）与公交车站和公园停车场相邻，是游人主要来向，用地内部地形有一定变化（如图），一条为湖体补水的引水渠自南部穿越，为湖体常年补水。渠北有两栋古建需要保留，区内道路损坏较严重，需重建，植被长势较差，不需保留。

1. 内容要求

1.1 核心区用地性质为公园用地，建设应符合现代城市建设和发展的要求，将其建设成为生态健全、景观优美、充满活力的户外公共活动空间，为满足该市居民日常休闲活动服务。该区域为开放式管理，不收门票。

希望考生在充分分析现状特征的前提下，提出具有创造性的规划方案。

1.2 区内休憩、服务、管理建筑和设施参考《公园设计规范》的要求设置。

区域内绿地面积应大于陆地面积的70%，园路及铺装场地面积控制在陆地面积的8%～18%，管理建筑应小于总用地面积的1.5%，游览、休息、服务、公共建筑应小于总用地面积的5.5%。

除其他休息、服务建筑外，原有的两栋古建面积一栋为60m²，另一栋为20m²，希望考生将其扩建为一处总建筑面积（包括这两栋建筑）为300m²左右的茶室（包括景观建筑等）附属建筑面积，其中室内茶座面积不小于160m²，此项工作包括两部分内容：茶室建筑布局和为茶室创造特色环境，在总体规划图中完成。

1.3 设计风格、形式不限。设计应考虑该区域在空间尺度、形态特征上与开阔湖面的关联，并具有一定特色。地形和水本均可根据需要决定是否改造、道路是否改线，无硬性要求。湖体常水位高程43.20m，现状驳岸高程43.7m，引水渠常水位高程46.40m，水位基本恒定，渠水可引用。

1.4 为形成良好的植被景观，需选择适应栽植地段立地条件的适生植物。要求完成整个区域的种植规划，并以文字在分析图中概括说明（不需图示表达），不需列植物名录，规划总图只需反映植被类型（指乔木、灌木、草本、常绿或阔叶等）和种植类型。

2. 图纸要求：考生提交的答卷为三张图纸，图幅均为A3，纸张类型、表现方式不限，满分150分，具体内容如下：

2.1 核心区总体规划图　　1：1000（80分）

2.2 分析图（20 分）

考生应对规划设想、空间类型、景观特点和视线关系等内容，利用符号语言，结合文字说明，图示表达。分析图不限比例尺，图中无需具象形态。

此图实为一张图示说明书，考生可不拘泥于上述具体要求，自行发挥，只要能表达设计特色均可。

植被规划说明应书写在此页图中。

2.3 效果图　两张（50 分）

请在一张 A3 图纸中完成，如为透视图，请标注视点位置及视线方向。

北京林业大学
2007 年硕士研究生入学考试试题

科目名称：园林设计

所有答案必须写在答题纸上，答在试卷及草稿纸上无效。

题目：印象 · 空间 · 体验——展览花园设计

一、位置

2007 年中国国际园艺花卉博览将在中国某城市约 $70hm^2$ 的岛上举办(图 1)，国内外各地的展览花园是这届博览会最重要的组成部分。位于岛中部面积约 $3700m^2$ 的地块（图 1 中填充部分）是考生设计展览花园的位置。

二、要求

考生设计的位于这块 $3700m^2$ 的地块上的小花园是考生所在城市为这届园艺花卉博览会建造的展览花园，花园要有以下三方面的考虑：

2.1　反映人们对考生所在城市的印象，但这种印象不能通过建造考生所在城市的微缩景物来达到。

2.2 是一个具有简明但丰富的空间变化的花园。

2.3 是一个让人们去体验的花园。

三、成果要求

平面图（1：300，表现形式不限，植物只表达类型，不标种类）

剖面图（1：300，1 个，表现形式不限）

鸟瞰图（1 张，表现形式不限）

四、图纸要求

以上所有成果都画在若干张 A3（420 X 297）白色的复印纸上

五、考试时间

3 小时

湖南大学
2006年硕士学位研究生入学考试试题之一

科目名称：环境艺术表现技法

招生专业：艺术学

注：答题（包括填空题、选择题）必须答在专用答卷纸上，否则无效。

请表现一幅以“某中学大门”为主题的建筑风景画，色调、配置及表现形式不限。

画种：水彩或水粉

画幅规格：二号水彩纸（约 54×39cm）

工具：自备

时间：3 小时

注：答题（包括填空题、选择题）必须答在专用答卷纸上，否则无效。

评分标准：

1. 透视合理　　50 分
2. 色调统一　　50 分
3. 艺术意境　　50 分

合计：　　150 分

湖南大学
2008年硕士学位研究生入学考试试题

科目名称：专业设计

专业名称：设计艺术学

注：答题（包括填空题、选择题）必须答在专用答卷纸上，否则无效。

专题设计：请结合专业方向进行设计（150 分）

“设计主题”（design theme）和“造型语言”（form language）是一切设计的基础，前者是设计思想和观念的表达，后者是设计形式和造型的表达，两者相互关联、相得益彰。

设计主题：情感（emotion）。

造型语言：“师法自然”，借用和模仿自然物（动植物等）的功能或形态。

基本要求：以“情感”为设计主题，自选一个表达情感的主题词，通过“师法自然”的手法，提出三个草图方案并阐述方案的特点；选择其中一个，完成效果图，标注主要尺寸和结构，文字说明其表达的情感和借鉴的自然生物。

环境艺术方向：以“情感”为设计主题，自选一个表达情感的主题词，通过“师法自然”的手法，设计某快餐店的店面（三个草图方案，一个效果图，风格、规模自定，效果图采用水彩或水粉，A3尺寸）。

华南理工大学
2006年硕士学位研究生入学考试试题

科目名称：园林规划设计（作图）

适用专业：景观建筑学

题目：南方某风景区入口综合服务区规划与设计

任务：南方某风景区按照总体规划，拟建风景区入口综合服务区。区域规划总面积：19600m^2。拟建功能包括：入口区，停车区，服务中心建筑区，交通区，休闲区及绿化隔离带。

设计要求：(用地见附图)

1. 各个功能区间合理组织功能与交通联系。

2. 各个功能区内交通规划设计。

3. 各个功能区内场地设计。

4. 服务中心建筑区综合服务建筑设计。建筑面积：750m^2（+10%）包括：

（1）商店100m^2，茶室200m^2。

（2）餐厅300m^2（含厨房），可设置少量包间（数量自定）。

（3）办公室12m^2×2间。

（4）交通与公共空间，包括走廊、门厅等根据设计设置。

（5）卫生间。

（6）配电房12m^2。

（7）建筑层数不超过两层（不包括楼梯间）。

（8）建筑结构为框架。

5. 停车区：90个小车停车位（2.5×5m）与2个大巴士停车位（4×12m）。

6. 交通区：组织各区与景区内部交通联系。

7. 入口区：应设置大门，考虑值班及接待室共30m^2（含厕所），要求造型设计和总平面布局。

8. 绿化保护区：保障绿化隔离带间距，合理布置树种。

9. 休闲区：场地与环境设计。

10. 要求功能结构合理，交通联系合理简洁，充分利用场地特征规划与设计。建筑外形美观，反映南方风景区建筑的风格与特色，提高风景区品质。

图纸要求：

1. 总平面：1∶500。

2. 服务中心综合楼各层平面：1∶100。

3. 服务中心综合楼立面一个：1∶100。

4. 服务中心综合楼剖面一个：1∶100。

5. 基地总体鸟瞰，2号图不少于一个。要求表达：服务中心综合楼外观及大门造型。

6. 局部透视（可选）。

7. 图纸规格：2号图。

8. 表现方式不限。

时间：6小时快题。

华南理工大学
2008年硕士学位研究生入学考试试题

（试卷上作答无效，请在答题纸上作答，试后本卷必须与答题纸一同交回）

科目名称：园林规划设计（作图）

适用专业：景观建筑学

题目：南方某小型文化公园景观规划与设计

任务：在南方某市风景优美的滨水地区，拟建一小型文化公园，面积约2.51hm^2（其中水面约0.5hm^2）。文化公园东侧为一办公楼，西侧为文化馆、中学用地（规划），现进行该文化公园的规划工作：（用地详见附图）

规划设计内容包括：

1. 小型文化公园详细规划。

2. 茶室建筑设计。

设计要求：

1. 文化公园详细规划

（1）性质：以文化活动、休憩、观景等功能为主的开放性休闲公园；

（2）功能分区：场地内功能设置自定，要求主题鲜明、功能结构合理，交通联系合理简洁，注意与周边环境的协调，充分利用场地特征进行规划与设计；

（3）停车场：10个小车停车位（2.5×5m）与2个旅游大巴士停车位（4×12m）；

（4）河流常水位标高为9.50m，洪水位标高为11.00m，注意基地洪水线以下场地的合理利用，滨水驳岸的处理形式等。

2. 茶室建筑设计

（1）功能：为游客提供休憩、茗茶、咖啡和观景场所；

（2）总建筑面积：220m^2（可在10%内浮动）；

（3）建筑层数：两层；

（4）办公室一间：15m^2；

（5）茶室120m^2（部分应设置于二楼，结合观景平台）；

（6）服务间：15m^2；

（7）洗手间：$20m^2$；

（8）交通、休憩等其他功能空间面积自定；

（9）建筑外形美观、造型独特，提高公园环境品质。

图纸要求：

1. 公同总平面图　1，500（须标明竖向标高）；

2. 公园横剖面图 1 个；1/300（须标明竖向标高）；

3. 规划分析图：内容和比例不限；

4. 公园主要景点小透视 1 个；

5. 公园规划简要说明；

6. 茶室建筑各层平面图：1/100 ～ 1/50；

7. 茶室建筑主立面图 1 个：1/100 ～ 1/50；

8. 茶室建筑剖面图 1 个：1/100 ～ 1/50；

9. 茶室建筑透视图 1 个；

10. 茶室建筑设计简要说明。

图纸规格：

2 号图，表现方式不限。其中公园总平面须单独画在一张 2 号图；茶室建平、立、剖面须单独画在一张 2 号图上，其他图纸排版自定。

时间：6 小时

华南理工大学
2009 年硕士学位研究生入学考试试题

（请在答题纸上做答，试卷上作答无效，试后本卷必须与答题纸一同交回）

科目名称：园林规划设计（作图）

适用专业：景观建筑学

一、项目概况

广州拟举办十六届亚洲运动会，为纪念这一体育盛事，体现和谐社会、魅力广州的理念，拟在亚运城中心莲花湾广场用地内兴建一座反映亚洲运动会发展历程的纪念馆。亚运城位于广州市番禺区亚运城中心，北临清河路、西接京珠高速和地铁四号线，南临市桥水道，东接珠江支流莲花湾，交通便利、环境优越。距大学城 12km，距珠江新城 22km，距广州旧城 30km，距南沙经济技术开发区约 22km。

纪念馆基地地形为三角形平地，南、西、北地界临河涌（莲花湾），东地界邻接亚运主体育馆停车场西规划路，面积约 $24050m^2$，南北两座步行桥连接运动员村和主体育馆，河道内所有现状建筑均全部拆除，河涌常年水位标高为 3.5m，百年一遇最高水位 5m，河道两岸用地标高为 6m。（详见附图）

二、规划设计要求：

将莲花湾广场用地范围内进行铺装和绿化设计，要求体现番禺河涌悠久的历史，体现岭南水乡桑基鱼塘的风貌特色，采用岭南河涌乡土树种，同时将纪念馆建筑结合总平面规划进行设计。

主要设计内容有：

1. 总平面规划设计：将莲花湾广场进行铺装和绿化布置，面积约 24050m^2。不考虑人工水景，但可将河涌水体适当引进来，但要处理好高差，铺装面积控制在地段面积的 40%以下。本地段是亚运会举办时的重要聚会场所，同时总图上要求反映建筑，并标注岭南水乡特色的植物树种名称，不要求拉丁文，不考虑停车场，但要在广场主入口预留必要的小车临时停车场地。

2. 纪念馆建筑平立剖面设计：规模为 2000m^2 的亚运展览馆，风格不限。功能要求：层数一层（局部二层，要求设计楼梯上二层观景）。体现亚运文化，纪念广州承办亚运会的建设、申报、比赛等各个阶段的历史片段，以摄影、图片、文字作品介绍为主。

设计内容：主要功能为展厅 1000m^2（包含库房、设备、面积自定）、办公 100m^2、纪念品售卖 200m^2，接待室 150m^2、茶室 250m^2（包含简易开放式厨房和制作台），厕所 100m^2。其他连廊平台走道面积约 200m^2。总面积可上下浮动 100m^2。

室外设计：一组连廊联通水边游艇小码头（图面码头仅表示驳船平台和连廊，连廊不计入纪念馆总面积），基地除建筑外，总平面要将场地周边绿化以岭南热带植物绿化景观为主，各房间根据设计需要灵活配置，茶饮大致包含冷饮、广州特色点心。要进行建筑庭院环境及室外景观设计。

三、图纸内容和要求：

注意：（图纸不得为透明图纸）

以下内容均在 A2 图纸上手绘并上色，图纸约 2 ~ 3 张，可用工具线条起稿：

1. 总平面体规划方案图纸 30 分。

（1）现状分析图：含道路网、出入口、景观绿化、观景线、竖向等，比例自定。

（2）设计概念分析图：含建筑体块、建筑空间、道路场地、绿化、文字等信息，比例自定。

（3）彩色总平面规划图：反映水景、驳岸、绿化、建筑、小品设施分布等，200 字文字说明，总平面建筑设计意图。比例为 1：500。

2. 建筑平立剖面 40 分。

比例为 1：200 至 1：300，各层主要房间名称要标识。首层建筑要进行内部庭院环境及室外景观设计，周边绿化竖向要标识。

3. 建筑效果图 30 分。

视点不限，但要将建筑主要轮廓结合绿化表达出来，比例不限，大于A2 图纸的一半。

四、编制依据与参考书目

1．公园设计规范 CJJ48−92。

2．其他各类滨水景观规划设计参考书。

江南大学
2007年硕士学位研究生入学考试试题

科目名称：环境艺术设计

第一题：户外景观环境设计

以“从”为主题，作某一城市步行街的户外休息场地的设计。

设计条件：此场地位于步行街的街面中间，设计范围为6m×20m大小的矩形，其中长边两侧为步行街的主要人流方向，短边两端为沟通步行街两侧商铺的联系通道。步行街两侧商铺为3～4层的建筑物。

设计要求：

1. 试根据以上条件进行设计。

2. 图纸要求：

①平面布置图（需画出户外设施，地面铺装、绿化等），比例1：100（40分）

②两个方向的剖面图（需画出户外设施、绿化、标高变化等），比例1：100（40分）

③能基本反映该设计整体面貌的彩色透视效果图（需表示出四周的多层住宅建筑，表现手法不限）（50分）

④以3个关键词并结合简要文字的表达方式，说明该设计方案的构思。（10分）

第二题：室内空间环境设计

“便捷”为主题，作一邻街24小时营业的便利店设计。

设计条件：原建筑平面大小为8m×8m，室内净高为3m。

设计要求：

1. 试根据以上条件进行设计。

2. 图纸要求：

①平面布置图，比例1：50（30分）

②顶棚布置图，比例1：50（20分）

③剖立面图两个（含家具等），比例1：20（30分）

④外观立面图，比例1：50（20分）

⑤室内彩色透视效果图（表现手法不拘）（30分）

⑥以3个关键词并结合简要文字的表达方式，说明该设计方案的构思。（10分）

3. 注意版面的总体表现效果。（10分）

南京艺术学院
2006年硕士学位研究生入学考试试题

专业设计：环境设计艺术方向（共150分）

题目：校园公共绿地环境设计

场地条件：

场地为一正方形，长24m，宽24m；西侧和北侧为一“L”形教学楼，楼的两翼中央各有一个出入口通往场地；东侧和南侧为步行道，与校园交通系统相连接。

功能要求：

1. 满足穿行的需求；
2. 满足休憩的需求；
3. 满足可举行小型集会的需求。

图纸要求：

1. 平面布局、主要立面各1张，比例1：100（80分）；
2. 空间透视图一张，表现手法不限（50分）；
3. 以文字说明设计构思，300字左右（20分）。

南京艺术学院
2007年硕士学位研究生入学考试试题

科目名称：景观设计研究方向（150分）

题目：以“交”为主题的办公建筑中庭空间景观设计

设计内容：

以某办公大楼的中庭空间为对象，做景观设计，为办公室人员提供一处休息、交流、交往，并可观赏、游玩的场所。

建筑条件：

中庭空间位于办公大楼内，建筑平面参见附图，层高4.50m，中庭高3层，采光顶棚为球节点网架。

设计要求：

体现中庭空间环境特色，功能安排合理，空间组织灵活，形式手法多样，材料运用得当。

图纸要求：

1. 平面图一张，比例1：100（35分）；
2. 主要立面一张，比例1：100（35分）；
3. 空间效果图一张，表现手法不限（50分）；
4. 以文字、图解的方式说明设计立意，文字200字左右，图解二至三幅（30分）。

南京艺术学院
2007年硕士学位研究生入学考试试题

科目名称：室内设计研究方向（150分）

题　　目：中式快餐店室内设计

设计内容：以供应中式小吃为主的快餐店为对象。

建筑条件：对其营业厅做室内环境设计。

建筑条件：建筑平面参见附图，层高3.20m。

设计要求：体现传统饮食文化，并反映现代快餐特点，功能安排合理，空间组织灵活，形式手法多样，材料运用得当。

图纸要求：

①平面图一张，比例1：100（35分）；

②主要立面一张，比例1：100（35分）；

③空间效果图一张，表现手法不限（50分）：

④以文字、图解的方式说明设计立意，文字200字左右，图解二至三幅（30分）。

青岛理工大学
2007年硕士研究生入学考试试题
科目名称：命题空间手绘图

特色书吧室内设计

1. 功能要求

主要提供学生及外来人员阅览、上网、茶水、储备等功能的使用要求。

2. 周边环境及空间规模

位于大学校园内，地段地势平坦，附近有大学生俱乐部、校史馆及景观绿地等。书吧所用建筑空间为单层框架结构，建筑面积约175m^2，层高4.20m。

3. 设计要求

(1) 对建筑空间所处物理环境和人文环境进行分析，确定整体设计定位，写出整体设计说明。书吧空间出入口自己确定，室内地平标高按 ±0.000，室外地平标高按 −0.300 考虑。

(2) 画出建筑外环境设计平面图（1∶300)。

(3) 画出书吧平面布置图（1∶100)。

(4) 画出顶棚图布置图（1∶100)。

(5) 画出二个以上立面图，并在设计图中标出主要设计相关距离尺寸、家具与固定装置的高度及尺寸（1∶30 或 1∶50)。

(6) 画出重要空间色彩效果图1张（手法不限)。

青岛理工大学
2008年硕士研究生入学考试试题
科目名称：命题空间手绘图

1. 设计题目：室内空间环境设计（150分)，时间6小时。

2. 设计场地面积：长方形，200m^2（10m × 20m)。

3. 设计内容：

任选以下其中一个内容设计

(1) 该空间是位于大型商场中的专卖场地，具体展示内容可以是时装、鞋、帽、包、家用电器、书籍等内容不限。根据自己设定的展品内容，确定设计主题和场地的虚实界面。

(2) 该空间是商场、办公空间或宾馆等场所中的小型室内景观休息广场，可设计水景、石景、植物景观等，并适量放置休息坐椅。可根据设计需要确定场地的虚实界面。

4. 设计要求：

(1) 功能安排与空间布置合理。

(2) 画面整洁、制图规范。

(3) 简要设计说明（200 字以内）。

5. 图纸内容（比例自定）：

(1) 平面图（顶平图不作要求，可根据自己需要绘制）。

(2) 主要立面图 3 个。

(3) 主要透视图 1 个或根据需要绘制多个角度的家具或细部小透视图，两种形式不限。

青岛理工大学
2009 年硕士研究生入学考试试题
科目名称：命题空间手绘图

设计题目：宾馆中庭设计

设计内容：

某星级宾馆一层内一 240m^2（约 12m × 20m）左右的中庭空间，可以做成咖啡吧、风味休闲餐厅、小酒吧、茶吧、室内小游园等任何一种形式。你可以任选其中的一种空间功能进行设计。

说明：

(1) 本中庭空间的高度约为两层在 8m 以上或者更高，二层以上的空间均能看到中庭的景色，这对具体设计无太大影响。

(2) 本中庭 240m^2 左右的面积是纯粹的可以利用在设计中的空间面积，不包括与其他空间相联系的通道面积，但需要你设置好出入此空间的入口。

(3) 本中庭的边缘可以根据你的设计需要设置各种形式的界面，但以通透或半通透的界面为主。

(4) 此空间不需要设置厨房、储藏室等辅助空间，但需要设置服务台、吧台等家具（室内小游园除外）。

设计及图纸要求：

(1) 首先确定你选择的空间形式，并在主标题下写上副标题，如：宾馆中庭设计——室内小游园设计。

(2) 对空间进行合理的功能分区，绘制平面布置图。

(3) 绘制主要立面或者主要景观立面 1 个，其他位置立面 1 个，多者不限。

(4) 绘制彩色小透视图至少 1 个区域，表现形式不限，多者不限。

(5) 设计风格自定，要求具有鲜明的特色。

(6) 简要设计说明 100 字左右，所有墨线图纸比例自定，并进行材料标注。

青岛理工大学
2009年艺术设计硕士研究生入学考试试题
（工业设计方向，产品快题设计）

1. 题目：

设计一款符合现代生活方式的家用固定电话。

2. 要求：

(1) 试述在设计该产品之前设计者应掌握哪些与设计该产品有关的知识与资讯？（10分，答在2号图纸上）

(2) 请提出你的设计定位。（10分，答在2号图纸上）

(3) 根据你的设计定位构思4个初步设计方案，以手绘草图的方式表达出来，并对每个设计方案作必要的文字说明。（40分，绘制在2号图纸上）

(4) 从初步设计方案中提炼出一个方案，对其从功能、形态、结构、材料、人机等方面进行细化与完善，形成一个最终方案，并绘制出较为详细的手绘效果图，同时附500字之内的设计说明。（70分，绘制在2号图纸上）

(5) 绘制产品外观三视图。（20分，绘制在2号图纸上）

3. 考试时间：

连续考试6小时。

清华大学
2005年硕士研究生入学考试试题之一

考试科目：专业基础（考试时间：3小时，满分100分）

试题内容：在指定的空间中布置室内、室外家具及相关陈设，并完成室内家具设计及室外家具设计，家具风格为现代中式。

答题要求：

1. 绘制家具平面布置图；
2. 室内主要家具的三视图（一件）；
3. 室外庭院家具的三视图（一件）；
4. 室外场景效果图（家具为主体）；
5. 150字以内的文字说明。

评分标准：

1. 家具平面布置图（20分）；
2. 家具三视图（40分）；
3. 场景效果图（40分）。

清华大学
2005年硕士研究生入学考试试题之二

试题内容：

1. 规划场地内有四个将被改造的单体建筑；

(1) 建筑功能为小型便利店；

(2) 建筑功能为小型报刊门市店；

(3) 建筑功能为小型咖啡及西餐厅；

(4) 建筑功能为小型茶馆。

2. 每个单体建筑均为二层，建筑高度为6m，建筑主入口可自定。
3. 合理规划建筑外部环境以形成三个以上功能不限的庭院并设计外部环境。

答题要求：

1. 绘制总平面图一张（比例自定）；
2. 绘制外部环境剖面图一张；
3. 绘制外部环境局部空间透视效果图一张（表现方式不限）；
4. 文字说明150字以内。

评分标准：

1. 总平面图（50分）；
2. 剖面图（15分）；
3. 效果图（30分）；
4. 文字说明、意图分析（5分）。

山东建筑大学
2007年硕士研究生入学考试初试试题

考生注意事项：

1. 答题必须作在答题纸上，否则不得分，答卷与试题一同交回。
2. 答题纸上不得标注任何标记，否则按零分处理。
3. 答题时可以使用不带存贮功能的计算器。

(试卷卷面总分为150分)

第一部分：理论综合题（共50分）

一、概念题（5题，每题2分，共10分）

1. 园林景观设计；
2. 花坛；
3. 景；
4. 动态风景；
5. 城市绿化覆盖率（%）。

二、问答题（6题，每题5分，共30分）

1. 简述园林景观设计构图中比拟和联想是怎样运用安排的？
2. 简述园林艺术及其特点。
3. 园林景观构图的基本要求是什么？
4. 简述城市园林绿地布局的形式有哪些？
5. 简述花坛按用途和特色分类可分为几种？
6. 简述中国古典园林的特征和传统的构景艺术方式有哪些？

三、论述题（共10分）

阐述何谓造景及其主要手法？

第二部分：概念设计题（共100分）

某居住区内，拟建一4hm^2左右（场地为长方形，长宽比为4：3）的公园，请从建设生态、文化、人性、和谐公园为出发点，作出该居住区公园的总体规划与设计。

一、设计要求

基本要求：方案要具备四大造园基本要素，可行性强。

1. 图面表达正确、清楚，符合园林制图规范；
2. 各种园林要素或素材表现恰当；
3. 考虑园林功能与环境的要求，做到功能合理；
4. 科学性与艺术性并重原则；
5. 比例尺自定。

二、设计内容：

1. 设计方案思说明书。

2. 设计图纸：

（1）总平面设计；

（2）功能分区；

（3）局部透视鸟瞰图；

（4）道路交通分析；

（5）竖向设计（重要节点的标高设计）；

（6）植物景观配置设计；

（7）入口大门、主要景区（点）意向设计。

山东建筑大学
2008年园林植物与观赏园艺专业硕士
研究生园林景观设计（4小时）试题

某省级图书馆拟规划建设一处附属开放式小型公园，设计场地长180m，宽140m，与图书馆建筑两面相邻，图书馆为现代建筑，设计场地所处的城市考生自定（假设）。请根据所给设计场地的环境和面积规模，完成公园方案设计。

一、设计要求

1. 考虑功能与环境的要求，充分利用基本造园要素，体现科学性、艺术性和可实施性。

2. 设计图纸符合园林制图规范，图面清晰，表达准确。

3. 使用A2绘图纸，设计表现方法不限，比例尺自定。

4. 设计说明书要说明场地所在的城市名称、总体构思、景观特色、主要造景材料等。

二、设计内容

1. 设计说明

2. 设计图纸

具体内容：

（1）总平面设计；

（2）功能分区；

（3）植物景观配置设计；

（4）主要景观空间透视效果；

（5）主景设计意向；

（6）交通组织分析；

（7）竖向设计（重要节点的标高设计）。

山东建筑大学
2009年园林植物与观赏园艺硕士
研究生入学考试试题

入学考试初试试题

考生注意事项：

1. 答题必须做在答题纸上，否则不得分，答卷与试题一同交回。
2. 答题纸上不得标注任何标记，否则按零分处理。
3. 答题时可以使用不带存贮功能的计算器。

街头绿地规划与设计：

山东省内某县城拟建街头绿地（基地见附图），基地面积1650m^2，要求考生运用所掌握的专业知识和表现技能完成下列内容。

规划内容：

1. 规划700～800m^{2}的休闲健身活动场地，布置必要的健身与休闲设施，如：水池、小品、亭、廊、花架、坐凳等；
2. 规划一条环形健身步道；
3. 布置一处约30m^{2}的公厕售货部组合园林建筑（售书报和冷饮）；
4. 根据景观要求配置相应的植物。

图纸内容：

1. 总平面图1∶200（直接在附图上完成规划）；
2. 绿地规划鸟瞰图（尺寸不小于400cm×400cm）；
3. 公厕售货部组合园林建筑主立面图1∶50（尺寸与总平面图对应）；
4. 规划设计立意与说明（200～400字）；
5. 考生自主表现的其他内容。

全部内容线条加彩色表现，画在A3图纸（2～3张）上，按规定时间完成。

西南交通大学
2007年硕士研究生入学考试试题

试题名称：室内设计（6小时）

考试时间：2007年1月

考生请注意：

1. 本试题满分150分。

2. 答题时，直接将答题内容写在考场提供的答题纸上，答在试卷上的内容无效；

3. 请在答题纸上按要求填写试题代码和试题名称；

4. 试卷不得拆开，否则遗失后果自负。

试题：精品鞋店（虚拟一品牌）室内设计

1. 采取现场快题设计方式，时间为6小时，计分标准：满分150分，其中，方案创意设计60分，设计表现90分。

2. 给定建筑状况：某鞋类批发零售中心中的一个铺面，该建筑为全框架结构，层高4600mm，梁的尺寸为600mm×200mm，梁底到地面3800mm，开间尺寸：4200mm，可用2～3个开间；进深尺寸：7800mm；柱的尺寸为500mm×500mm，可根据主体及需要自由围合墙体或玻璃隔断；门为1800mm×2000mm的双开玻璃弹门。

3. 设计要求：根据给定的设计原始资料进行设计，要求设计根据拟定的品牌及鞋的种类不同及消费人群的不同，突出精品店设计的高档意识，要求设计的风格形式和内容统一，设计创意独特而新颖。功能分区合理，交通动线明确。

因为该店兼顾零售及批发业务，所以设计要求设1个8～10m^{2}的小型储藏库房，产品展示陈列空间，洽谈空间，收银台，一个小型的办公及会客室等。

4. 设计图纸包括：平面图，顶棚图，2～4个立面图（根据相同立面多少而定），透视效果图，图纸幅面为A2。绘图比例1：20～1：100任选。按规范制图及区分线型。

5. 学生需自备如下绘图用品和工具：

绘图仪、丁字尺、三角板，绘图针管笔、HB～4B的铅笔等，色彩用品可在彩铅、马克笔、水彩、水粉中任选其一或混合使用。

燕山大学
2008年设计艺术学专业综合试题

注：请将试题做在标准答题纸上，在题签上做题无效。

一、题目：任选具象形态为载体，将其运用三维的组合方式，完成由具象到抽象的演变过程。（满分50分）

要求：

1. 以写实的手法画出你选的具象形态；
2. 至少画出一个演变过程；
3. 最终完成立体色彩效果图；
4. 尺寸自定，以手绘的形式表达，色彩表现方式不限。

二、题目：“风”造型设计（满分50分）

以风为主题，在分析理解风的含义基础上运用专业理解形式，表达对其的理解。

要求：

1. 画出四幅设计方案，每幅尺寸为：10cm×10cm。
2. 选一幅你认为理想的画效果图，尺寸自定；
3. 以手绘的形式表达，色彩表现方式不限；
4. 写出简要设计分析说明。

三、题目：根据你所学专业，列举国外一件你认为优秀的设计作品（可以是视觉传达、环艺、产品、装饰、雕塑等方面的）。

要求：

1. 画出所选设计作品草图。
2. 针对设计作品进行评论，字数1000以内（满分50分）。

燕山大学
2009年硕士研究生复试考试试题

（下述题中任选一题，限两小时）

A. 为抗震救灾设计一件产品，出四个草图方案。从中选定一个画效果图。并标注概略尺寸。

B. 以“大爱无疆”为主题，设计一件海报，出四个草图方案。从中选定一个画效果图。

C. 把一个长1560cm，宽660cm的教室改造为地震中失去亲人的小学生收留救治站（可容纳20人），请你进行室内设计，并选取一个角度画出室内设计的效果图。

浙江工业大学
2008 年硕士学位研究生入学考试试题

本部分考题请报考“环境艺术设计”研究方向的考生作答。

题目：

设计杭州某一社区街角公园

要求：

公园为社区服务，园内安排一公共卫生间，男、女各四个蹲位。其余休闲设施自行考虑。

地块概况：

面积约 3280m^2（地形图如下）。地块西面、北面为居住楼。

图纸规则：A2 图纸

图纸内容：

公园总平面图（可以适当加入交通、绿化等分析）、公共卫生间平面图、公共卫生间立面图、局部透视效果图、设计说明(字数不超过 200 字,钢笔楷体)

备注：

图纸比例自定，表现工具不限。

浙江工业大学
2009 年硕士学位研究生入学考试试题
环境艺术设计研究方向

以理论阐述与正草图相结合的方式，针对以下基地进行景观规划设计，以营造一个季相变化丰富的,温馨怡人、自然生态的居住小区公共活动空间。

一、基地现状：

环境设计基地是江南某城市的一个居住小区用地，总面积为 47265m^2（详见附图）。本次设计主要针对小区的公共绿地进行设计，绿地兼有小区主入口的功能。占地面积为 32217m^2。(基地见附图)

二、设计要求

1. 满足小区公共绿地和小区主入口的功能。

2. 体现自然、生态的设计要求。

3. 要求设计理念以中国传统文化内涵为基础。

三、成果要求：

1. 总平面图（比例自定）；

2. 主要景观节点平面（选择其一 A 或 B）；

3. 相关规划设计分析图；

4. 主要节点效果图；

5. 设计说明。

浙江林学院
2007 年研究生入学考试园林设计试题

注意：请把答案写在考场发放的答题纸上，并标明题号，答在草稿纸或其他纸张上的无效；没作答题目请写明题号，题与题之间不留空白。

公园绿地设计

一、用地现状概况：

中国江浙地区某市因城市发展需要新建居住区，现准备依托原地形丘陵山地，在山麓地带营建街头小公园，为周边居民服务。

用地北、东两侧为自然丘陵山地，被亚热带常绿阔叶林覆盖，生态条件较好，远期将建成生态保护型城市绿地，近期只作封山保护不作开发。南北向西林街是新区主要道路，道路西侧规划为多层居住建筑，其中临街一层辟为商铺。碧桂路南侧为另一居住小区，临路设通透式围墙，不设商铺。两个居住区均以多层经济适用房为主，建筑风格为清新简洁的现代风格，居住区入口见图。醉花路通向新区其他部分，丘陵山地成为新区绿心。

现状道路红线后退 10m 为公园设计范围，是 100m × 90m 的矩形场地。10 米区域为道路扩建预留用地，近期 5m 为车行、步行绿化隔离带，5m 为人行道。设计用地原为农田，是从北往南略有倾斜的平地。用地中有南北穿越的自然溪流，水量充沛。用地东南角原有二大一小三栋农居，农居旁建有鱼塘，并有一棵 100 多年树龄的古银杏树。（详见用地现状图）

二、设计内容及要求：

1. 公园为开放式，是周围居民休闲、活动、交往的场所，不设围墙和售票。

2. 要求在公园西、南两侧设入口，并布置适量自行车、摩托车停车场地，根据周围环境和用地性质自行安排主次入口位置。

3. 公园中要建造一处一层服务建筑，总建筑面积 150m^2 左右，功能为管理、厕所、小卖、活动室。其余位置可少量点缀 1 ～ 2 处亭廊花架等建筑小品。其他设施由设计者自定。

4. 设计应符合相关规范；要求尊重场地现状特征，因地制宜；要求就地保护银杏古树；设计风格不限。

三、提交成果

在一张 1 号图纸（841 × 594）上完成，应包括以下内容：

1. 平面图（90 分）：1 / 250 比例尺，表现

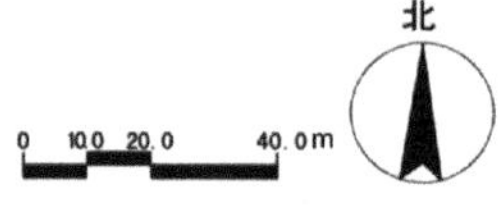

方格网：25m × 25m

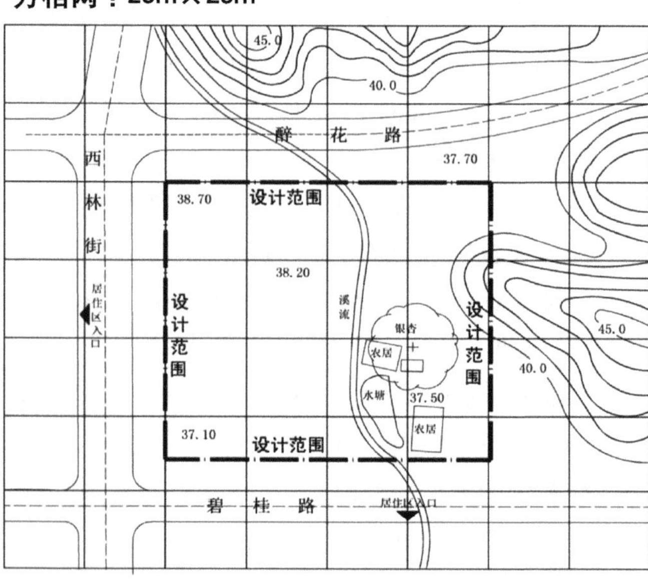

用地现状图

形式不限。所有建筑只画屋顶平面；要反映竖向变化；要注明主要植物名称及群落结构（如：白玉兰+山茶+石蒜）。

2．1个鸟瞰图或2个透视图（任选）（45分）：表现形式不限。

3．设计说明（15分）：不少于200字。

浙江林学院
2009年硕士研究生入学考试试题

科目名称：园林设计（3小时）

注意：答案请写在图纸上，写在本试题或草稿纸上的无效！

以下是华东某县级城市主要商业街旁边的一个地块。其北侧为高10层的写字楼，东西两边各有一条宽6m的车道，车道外为3～4层高商住建筑（底层为商业，上面几层为居住），南面为商业街。要求在规定的地块内，设计一个绿地率在55%～60%，绿化覆盖率在70%～75%，以游憩为主要功能的生态广场。设计原则上，除考生认为应有的原则外，还应特别强调节约性原则。

要求完成以下内容：

1．平面图1张（比例1：500左右）。

2．鸟瞰图1张或效果图2张。

3．不少于100字的设计说明。

4．一张设计中采用的主要植物的苗木表（至少包括序号、种类、规格三项内容）。

考试要求：

1．绘图规范、工整、美观，符合园林绘图的一般要求；

2．能分析场地，并根据场地条件和设计要求确定设计内容；

3．园林空间整体布局合理，功能完善，景观丰富；

4．地形、种植设计、园路铺装、建构筑物设计合理，且能体现设计主题和风格；

5．建议用2号图纸绘图。

中国艺术设计研究院
2006年设计艺术学专业硕士研究生入学考试试题
景观设计

题目：某海滨城市“水文化景观广场”

时间：6小时

具体要求：

一、设计要求：

1. 地形条件：位于两条30m宽的道路节点处，面积为：宽120m，长150m，在规划用地中有一处保留建筑（玉皇阁）。应结合景观整体进行设计。

2. 该规划设计用地环境紧临海河，并以“水”文化内容作为设计主题，在广场中要求设计出一个标志性雕塑。

3. 总平面图比例为1：200～1：500之间。（根据图纸自行安排）

4. 雕塑大样立面比例为1：50～1：150之间。（根据图纸自行安排）

5. 透视图根据设计内容的需要可表现出整体效果或表现出不同局部的透视。

6. 要求写出设计说明。

二、评分标准。（总分300分）

1. 创意准确体现出“水”文化内容，并有机地结合原有保留建筑进行整体规划设计（120分）。

2. 图示语言表达正确，图面表现技法娴熟，构图具有形式美感（150分）。

3. 设计说明表达简洁，条理清晰，字体规范（30分）。

材料和工具：

1. 草图纸（拷贝纸）。

2. 绘图纸1／2开1张。

中国艺术设计研究院
2007年设计艺术学专业硕士研究生入学考试试题
景观设计

题目：亲水公园环境景观设计

亲水公园拟选址在某城市中心区西湖边，是市民重要的休闲、娱乐交往空间。公园环境景观设计应将中国传统造园理论与现代环境景观设计理念和设计手法相结合，突出体现亲水环境特点。

设计内容包括：广场、道路、绿化、亲水堤岸、小品及其他设施等。

设计图纸包括：

1. 设计说明；

2. 总平面图（1 ：400 或比例自定）；

3. 立面图（可表现亲水堤岸处理也可表现其他部位，比例自定）；

4. 表现图（表现方式不限）；

（注：平面图、立面图要标注主要尺寸，图纸为 2 号图，420 × 594 绘图纸。）

评分标准：

1. 准确表达出具体环境设计的主题思想（60 分）。

2. 图示语言表达正确（45 分）。

3. 表现技法熟练程度（45 分）。

重庆大学
2006 年硕士研究生入学考试试题
科目名称：环境艺术小品设计（6 小时）

设计命题：

某教育学院内有一块干道边的三角形场地，东北方向有一阶梯状跌落青石护墙。院方拟在此建一个具有一定文化艺术品位的休闲场所，请根据地形选择合适的位置做一件环境艺术小品设计，形式可以是雕塑、壁画或者建筑小品。

要求完成以下方案设计草图（A1 图幅内完成比例自定）。

1. 总平面图布置图；
2. 立面图；
3. 主体设计与周边环境透视效果图，可适当作色；
4. 设计说明 100 ~ 200 字（含主题构思和基本材质）附地形图。

重庆大学
2007 年硕士研究生入学考试试题
科目名称：环境艺术小品设计（6 小时）

设计命题：

重庆大学外国专家招待所大门正对面有一块空地，校方拟在此建一个有一定文化品位的休闲场所。请根据地形选择合适的位置做一件环境艺术小品设计，形式可以是雕塑、壁画或者是建筑小品。并在平面图上做简单的环境布置。

要求完成以下方案设计草图（A2 图幅内完成，比例自定）。

1. 总平面图布置图；
2. 立面图；
3. 主体设计与周边环境透视效果图，可适当作色；
4. 设计说明 100 ~ 200 字（含主题构思和基本材质）附地形图。

重庆大学
2008 年硕士研究生入学考试试题
科目名称：环境艺术小品设计（6 小时）

设计命题：

某学校楼旁有一人工水池。池边有一块空地，校方拟在此建一个有一定文化品位的休闲场所。请根据地形在水池旁选择合适的位置做一件环境艺术小品设计（可延伸至水中）。形式可以是雕塑环境小品、或建筑小品，并在平面图上做简单的环境布置。

要求完成以下方案设计草图（A2 图幅内完成，比例自定）。

1. 总平面图布置图；
2. 立面图；
3. 主体设计与周边环境透视效果图，可适当作色；
4. 设计说明 100 ～ 200 字（含主题构思和基本材质）附地形图。

重庆大学
2009 年硕士研究生入学考试试题

科目名称：环境艺术小品设计（6 小时）

设计命题：

某高校法学院大楼前有一空地，以前主要用于停车，现校方拟在此建一个与该学院专业性质相符合的，有一定文化品位的休闲环境场所。请根据地形、道路条件，在虚线范围内选择合适的位置设计一件环境艺术小品和相应的休闲设施。形式可以是雕塑环境小品或建筑小品，并在平面图上做简单的环境布置。

要求完成以下方案设计草图（A2 图幅内完成，比例自定）。

1. 总平面图布置图；
2. 立面图；
3. 主体设计与周边环境透视效果图，可适当作色；
4. 设计说明 100 ～ 200 字（含主题构思和基本材质）附地形图。

第四章　关于环境艺术设计专业考研论文

关于研究生考试的理论部分，应该是一个重要的问题，绝对不可小觑。但这一科的考试只要平时有基础一般不会出临时性的错误或问题。

理论部分一般包括基础题和综合论述题两部分，有时有的学校只有综合论述题。

有的学校考试附加有一些基础题，即知识点考察。这样的题目一般是填空，名词解释，简答题等等。这些是固定内容，只有博闻强记，断无变通的可能，完全看考生平时积累及复习掌握的情况，不会就只有放弃。

研究生入学考试的论文写作，和平时的论文写作有一定区别。因为研究生入学考试的论文写作时间一般只有 3 ~ 4 个小时，而且有时往往还不只写一篇，时间相当紧张，没有来回修改的时间余地；学生考试不允许带任何参考资料，这就意味着考生必须依靠平时的积累，根据题目的要求，将其条理化，一气呵成。

这就要求考生必须做到以下几点：

一、平时有一定的写作基础以及写作技巧训练

也就是说，平时就应该有一些论说文的写作练习。找一本《写作概论》看一看是有必要的。重点要看的是，论说文一章。按照论点、论据、论证的三要素去写，可以是一些小短文，可以是一些非专业论文，表达一些基本的观点，字数不必太多，千字左右就可以了。这是一种写作入门训练，经常练习一下，许多东西是可以融会贯通的。

二、要有专业历史书籍的阅读积累

写论文没有阅读背景是不行的。专业论文尤其依赖于专业历史书籍的阅读积累。一些基础题的考试也和专业史书有关，如：《中国建筑史》，《世界建筑史》，《世界室内设计史》，《中国室内设计史》等。当然，考生报考

的专业方向，往往会决定了你必须在有些方面有所侧重。比如有些专业方向本身就是有关传统建筑或室内设计研究的，那你就必须在中国建筑史、中国室内设计史上下工夫。

三、要熟悉专业理论及批评学理论框架

目前国内环境艺术设计界及理论界的基本状态也是考生应该把握的。通过一些专业杂志，尤其是专业核心刊物，去了解当下的专业理论状态是主要方法。有的考题就涉及对目前环境艺术设计状态的评价。

四、平时应该有一些专业论文写作练习

专业论文写作同一般的论说文写作还是有较大区别。专业论文涉及许多专业知识，专业理论，专业历史。把这些东西有机地结合起来，使之达到言之有物，言之成章，使之具有专业性，可读性，时代感，并切中问题的关键的高度，如果要求再高一点的话，还要有一定的文采，就是考生平时应该做的事情。没有经过专业论文的写作练习，想在考试时，文思泉涌，落笔成章，洋洋洒洒数千言，那是不可能的。

五、要有逻辑学知识

形式逻辑包括了演绎、归纳两大部分的逻辑，已有两千多年的历史。它之所以经久不衰，且能随着岁月的推移而日益发展，就是因为它有广泛的用途。它能使人们的思维更敏捷，更清楚，它能帮助人们准确地表达自己的思想。因此，逻辑学知识对于一个研究人员来说是非常重要的。《形式逻辑》是每一个写科技论文的人必修的一门课程。

六、要有哲学及美学基础

哲学和美学基础是每一个考生的薄弱点。我们接受的哲学及美学基础教育过于单一，不够丰富，这决定了我们在这方面的基础非常薄弱。具体在论文写作中的问题，表现在引证方面的贫乏和单一。建议考生在时间允许的情况下，有计划地广泛涉猎各种哲学及美学书籍，丰富自己的理论库存以备用。

七、对本专业市场发展现状要非常了解

国内装修及建筑市场的发展现状及存在的问题，经常也是考试的关注点之一。建筑和室内设计是实践性很强的专业，脱离实践的理论和脱离理论的实践都是很荒诞的。因此，对目前国内建筑及装修市场的现状和问题也应该了解清楚，并应该有自己的看法和独到之处。目前国内建筑及室内装修市场问题很多，这些问题已成为某些学校的考研试题之一（见试题汇总）。

八、关于临场考试

专业论文一般是给出多个题目，然后让考生选作其中 1 ～ 2 篇。也有的是出多少题就考多少。

拿到题目以后：

1. 先审清楚题目；
2. 找到论点，这非常重要（牵涉到专业知识）；
3. 构思腹稿（此处牵涉到形式逻辑）；
4. 在草稿纸上列出大纲数条（此处牵涉到形式逻辑）；
5. 针对每条纲组织例证以及大概的逻辑关系（此处牵涉到形式逻辑）；
6. 按照大纲条目逐条展开来写，写好主题句（此处牵涉到写作概论）；
7. 最好有经典引证（此处牵涉到美学及哲学基础，专业史及理论）；
8. 最好有实例引证（此处牵涉到对专业现状及市场的了解）；
9. 保持卷面清洁。

第五章　面试的注意事项

面试的比例各校不等，等额与差额的比例形式都有。一般而言，进入面试后淘汰的比例远远低于笔试的淘汰率，考生理应放松心态，平静地面对面试。

一、面试绝对不是走过场

许多考生认为，研究生入学考试的面试不重要，只是走一下过场而已。他们认为如果笔试成绩比较优秀的话，那么面试的结果即便不那么尽如人意，也不必放在心上。显而易见，这种观点把研究生入学考试的面试，当成了一次随随便便的“形式游戏”。

二、面试的权重在增加

事实上，面试在整个研究生入学考试中的参考比重，近几年来都有较为显著的增长。甚至有的学校把面试的成绩作为考试总成绩的一部分，而且，其占总成绩的百分比呈上升趋势。招生方式越来越倾向于并不仅仅只是看考生在试卷上所表现出来的内容，同时也要看考生在面临各种涉及面相对较多较广、甚至是意想不到的问题时，所表现出来的素质和随机应变能力，以及贯穿在整个面试过程当中考生的表现所透射出的对于专业学问的态度、处世和交际能力，避免高分低能和投机的情况发生。

总的来说，面试考官既看重考生的基础和工作经验（如果有工作经验的话），同时也考察学生的培养和发展的潜力。越来越多的大专院校逐步增加面试的权数。有理由相信，完全根据考试成绩来确立培养目标是有一定偏差的。

三、面试可以决定你的成败

面试有多重要？它可以决定你的成功与失败。

现在考研究生不再是扩招之前的情况。现在招生量大，过线人多，过线本来就不一定能上学。更有甚者，有的学校允许导师在过线考生中决定要哪些学生，而不必参考前后排名的顺序，这样面试就显得极为重要。即使你专业总分考了第一名，面试失败照样导致落榜。这样的极端例子越来越多。

四、面试的工夫在平时

对考生而言，很多时候，面试不是靠准备就可以应付得来的。它更多的需要靠考生平时对各类学问的积累和沉淀。就环境艺术设计而言，要对已经发生的建筑、园林景观及室内设计历史及理论有一定的了解，对正在发生的环境艺术设计现状有一定的熟悉，以及对环境艺术设计未来的展望有一定的认识、见解。

五、专业面试——知识面涉及很广

面试涉及的知识点相当广泛。就环境艺术设计专业而言，人体工程学、效果图表现技法、造型材料与工艺、设计思潮与流派、设计色彩配置与管理、理论背景、专业史背景……，都有可能成为面试时主考官想和你探讨的主题。所以，考生需要在平时注意对各种知识点的掌握，并且注重理论联系实际，本科时所接触到的任何实际项目设计，都有可能作为活生生的实例来佐证你对某个观点的认同或者否定，并且这也有助于你在进行某项观点的论述时，具备因参与实际项目所衍生的一定的话语权。

毕竟在此之前考生已经经过笔试，所以那种条条框框式的提问方式在面试中较为少见。主考官们多半会以探讨的语气和考生一起，就某个设计的主题和考生进行座谈。

在探讨的过程中，主考官会通过自己的方式，来揣测考生对于知识点的熟悉程度，以及对于这个知识点（或者说知识点群）是否有自己独到的见解。当然，这个独到的见解并非一定就是指与之南辕北辙、背道而驰的观点，也可以是通过这个知识点所衍生出来的其他想法，同样也可以看出考生在平时的学习中，或者在实际设计项目的接触中，是否动了脑筋将理论与实际相联系，而非纸上谈兵似的照搬和依葫芦画瓢，人云亦云。总之，认同要有认同的缘由，否定要有否定的道理。将你的想法全盘托出，是否其中夹杂着有偏差的理论认识并不是最重要的，反而，最为关键的是，你有没有自己的想法融于其中，有没有自己的感悟蕴涵其中，倒更容易激起主考官的欣赏，甚至引起他们的共鸣。

关于专业方面的面试类型有如下两种：

(1) 单纯对知识点的考查和探讨。主要测试考生的基础知识，例如，主考官会问：

——你有参与实际项目设计的经验吗？它与书本上所传授的设计程序与方法有什么不同的地方？

——你看过那本《*********》专业书吗？书中表达了什么主题？

(2) 结合学校专业和个人的现状进行探讨。主要测试考生的专业兴趣，例如，主考官会问：

——为什么要考我们学校环境艺术设计专业的研究生呢？如果考取我们学校的研究生，你准备做哪个方面的研究？在哪些方向上进行更进一步的学习和研究？有什么大致的计划呢？

——在本科环境艺术设计专业的学习过程中，你对该专业的哪个方面比较感兴趣？为什么？

——你以前学过哪些课程？对什么课题感兴趣？教师用什么方法讲授这些课程？你有什么收获？

有些学校在面试的最后会安排考生的提问时间，让考生对学校及专业提出几个问题。主考官通常会从考生所提出的问题中，看出他是否对学校和相关专业的硕士点进行了一定程度的了解和关注程度。事先可以推敲一些准备问的问题，然后把这些问题装在脑子里，以备不时之需。问题可以与你感兴趣的环境艺术设计研究方向相关，也可以与你所关心的学校的教学和研究情况相关。

例如，如果你对设计心理学感兴趣，你可以咨询学校有关设计心理学的教学和研究情况。不过在面试过程中，因为时间的关系，不太可能就某个观点进行非常深入的交谈，毕竟这里只是考场，而非对不同观点进行辩驳和推敲分析的学习讨论环境。要懂得言简意赅的表达你的观点或者疑问，而不是钻牛角尖似的夸夸其谈，没有时间观念似的撒开了说。

(3) 考察考生对专业现状的了解。这一点主要是了解考生的专业视野。

对专业现状的了解，是由考生的专业基础和对专业研究的关注决定的。这也是一个研究人员必须具备的基本素质。考官可能直接会问：

——你认为中国的环境艺术设计现状有什么问题？

——你对本研究方向熟悉程度如何？有何想法？等等。

(4) 考查考生的专业实践能力。

设计是一门操作性很强的专业，环境艺术设计尤其是这样。脱离了实践，专业学习就会变得不完善。

——有过什么工作经历？谈谈你的工作经验。

——参加过哪些工程设计和施工管理？

这可能是考生必须准备的面试内容。

六、非专业面试——醉翁之意不在酒

有时候，除了本专业范畴的面试之外，有些学校还会安排其他内容的面试。一般来说，面试时主考官所提出的问题，主要局限在专业范畴，但非专业范畴的其他技能或素质，也属于主考官需要考察的范围。有时看似和专业无关，有时好像天南地北地聊天，其实一切尽在设计当中，考官想要知道的是现象下面的东西。只不过，专业面试是较为显形的，而非专业面试是以较为隐性的方式穿插在面试过程中，目的都是为了解学生的专业情况、做人、做事态度。

各个学校的面试形式和侧重点不尽相同，有的还采用英语等外语形式交流。外语面试，考察考生对于外语技能的掌握程度。但一般涉及的议题不会过于深奥，往往是针对某一设计理论议题或作品、现象的简单看法。重点在于观察考生的思维和语言表达综合能力。

有的学校主考官随意抽取了一段英语文章，考试内容就是大声阅读文章，并且解释出其中划了横线的单词的中文意思。朗读流利、解释顺畅、表现大方，就是英语面试的主要要求。通常来说，主考方并不会缬取过于生僻和过于高难度的英语片段来“为难”考生。

有些学校还会安排专人和考生进行简单的英语对话交流，询问考生所在的城市、年龄、对于考入的大专院校的看法、甚至是考本专业研究生的理由等等。

无论不同专业之间的差别有多大，学生们所需要拥有的基本素质总是相同的：对于学习的态度，和对于生活的驾驭能力。

实际上，对于一个考生学习与交际能力的判断，通常体现在自始至终的面试过程里。从考生进入面试考场的第一步，到最后离开考场的这一段过程，无论主考官针对何等专业提了何等问题，针对何种技能设置了何种面试主题探讨点，考生个人素质的高低程度、与人的互动能力的融洽程度，都融合在了考生的整个面试过程里。

主考官不只是征询考生对于专业的态度，探察考生对专业的熟悉程度，同时也会对考生在面试里所体现的个人素质、应对能力和交流表达能力进行一定的试探。所以，在准备过程中，我们不能仅仅只限于专业方面的刨根问底，同时也要在我们的日常生活中，养成良好的与人沟通的习惯。

七、面试礼仪不可忽视

例如，在参加面试时，衣着保持干净整洁，尽量避免给主考官留下太随便、太拖沓的印象。面试时的正式装扮，应是比较文雅、成熟的，而不是由许多装饰品润色的服装。毕竟，主考官通常考查的是考生的知识技能和内涵修养，而不是打扮行头。自然就好。

同时，流利的表达也相当重要。语言能力是主考官评估你的一个重要指标。一般主考官都认为考生应该具备一定的交流表达能力，以及有在大家面前开口说话的勇气，这些都是最基本的面试技巧。说话的态度应保持平和，神情专注而诚恳，清晰沉着的表达自己的意见。

再者，在见到面试主考官之后，最好是能面带微笑的与其握手，并作自我介绍。在面试过程中，也要自始至终的注意，不要让面部表情过于僵硬，放松心态，适时保持微笑。

面试时，目光正视对方，这体现了对对方的尊重，同时也可以让主考官感到你很有风度，诚恳而不怯场。如果考生在面试中不停地低头看着脚下，或者目光左右游移，不但不礼貌，还可能会让面试官对你所说内容的诚信度产生怀疑。

沉着应对。当面试官问到一个相对比较繁复的重点问题时，例如要考生简单描述一下做过的一个项目、或者对某个大概念的认识并系统阐述。在回答之前，考生可以适当停顿几秒钟，留出一段思考的时间。这段时间考生除了可以组织一下其所要表达的内容之外，同时也可以让主考官觉得你是在认真的回忆过去的经历，或者在精心的组织论点的阐述。

流利的表达，微笑的脸庞，这些都可以给你的面试加上特殊的、额外的分数。当然，最后面试结束之后，也要微笑着起身道别。

当然，这些都不仅仅只是在面试前才临时抱佛脚专用的，同时也是考生在日常生活中所应具备的基本素质。

八、考生需要从心理上对面试做好准备

首先，要熟悉面试常见的形式和内容。如上述这几种类型。但也要对一些有可能碰到的特殊形式有所了解。毕竟，每所学校都有不同的面试方法。但考生必须明确自己的目标，而报考的学校校方可能会提供给你什么方面的知识培养。

面试前几分钟可能并不会涉及实际问题，或者说专业相关的知识点。但这仍然密切关系到面试考官对考生的印象。因此，即使面试尚未进入核心部分，考生也要表现得自信、文雅。

一般的正式面试可能要持续三十分钟左右。

九、考生需要从各方面做好准备

了解你所报考研究生的学校：

在准备校方安排的面试之前，考生最好能抽时间查看一下手头所搜集的各个有环境艺术设计专业硕士点的学校的资料，尤其是报考的学校资料。稍微花一点时间来看看这所学校的资料，对学校所设置的硕士点进行一定程度的了解。例如：有哪些研究生导师？他们带的研究生的研究方向有哪些？想办法找找这些导师所带的学生，通过他们对研究方向进行一些了解，并与你自己的实际情况相结合。经常有这种情况，一个考上研究生的同学，紧跟其后会有一届又一届的师弟师妹考上同一个学校，甚至同一个专业的研究生。这就说明了解情况，知己知彼很重要。可以鼓足勇气亲自去拜访这些老师，请教他们相关的准备注意事项。向老师请教，有时候可以使考生的准备做得更充分。

对学校以及学校的相关专业硕士点有一定的了解，可以使考生感到自己有备而来，胸有成竹，在面试过程中不慌不忙，足够多的资料可以使考生相对游刃有余一些。

同时，对于有可能担任你面试主考官的导师也要进行一定的认识工作。因为每个主考官的研究方向不同，所以有的放矢的针对他们的研究方向进行准备，当然，最好也与你的长项相结合，比较有利于面试的顺利进行。

无论面试的结果怎么样，最重要的是，你经历过，你品尝过。当然，经历过，品尝过，就是成功的开始。面试只是人生旅途当中的一次小考验。仔细想想，其实生活中到处都是面试，入学、考试、相亲、求职……又何尝只是考研究生需要面试？无论做什么事，无论面对什么样的面试和考验，都应该保持平常轻松的心态。切记表达应言之有物、逻辑清晰，不可不懂装懂、语无伦次。总而言之，在面试过程中表现出自信、诚实的态度至关重要。考生即便遇见自己平时没有接触或考虑较少的问题，也大可不必紧张，只需冷静地归纳一下思维，简单而真实地表达自己掌握的观点和想法即可。平日养成认真求学和工作的好习惯，再怎么突如其来的面试和考验，也就都不需要我们花太多时间去准备了。

真心祝愿各位考生在研究生考试中取得优异的成绩！